高分子合成化学

Synthetic Polymer Chemistry

改訂版

井上祥平 著

裳華房

SYNTHETIC POLYMER CHEMISTRY
revised edition

by

SHOHEI INOUE

SHOKABO

TOKYO

まえがき

　高分子化合物の組成や構造は多種多様であるが，それぞれの化学構造の違いに関係なく，分子が巨大であるというそのことのために，多くの共通した性質を持っている．このような性質が，繊維，プラスチック，ゴムなどのさまざまな材料としての高分子化合物の利用の基礎となっており，そのため高分子化学は応用面と密接に関連している．高分子化学が化学の独立した分野として発展してきた所以である．

　高分子化合物は一般に，ある比較的簡単な構成単位が数多く繰り返しつながった構造を持っている．有機化合物が互いに反応してその間に結合が生成するような反応には多くの種類があり，それらを利用すれば高分子化合物が合成できるが，高分子合成反応には生成物の分子量の制御，構成単位の配列順序の制御など，独自の目標がある．

　一般に高分子化学は，高分子の構造と物性の関連の解明を目指す物理化学的分野と，上記のような合成反応の特徴の解明と制御を目指す有機化学的分野に分かれる．それぞれの分野がかなり専門化しているため，高分子化学の教科書は複数の著者の共同執筆によることが多い．一方で，高分子合成化学を主題とした本もいくつか出ているが，物性-構造相関の物理化学的扱いとの関連からであろう，高分子合成反応の取り扱いにも物理化学的表現が重視されてきた経緯がある．本書は，高分子合成反応の全体像をなるべく簡明に理解してもらうことを目的として，「有機化学反応としての高分子合成化学」という視点に徹して書き下ろしたものである．

　本書の初版は，裳華房の「化学新シリーズ」の一冊として刊行されたものである．初版刊行から15年近くが経過し，このほど改訂の機会を得た．これを機に本書をシリーズから外すとともに，全面的な見直しを図った．

まえがき

　高分子の合成の最重要課題の一つに，生成するポリマーの分子量の制御があり，いうまでもなく，初版にもアニオンリビング重合をはじめとして当時の知識は一通り盛り込んである．しかし，この15年で，いわゆる「原子移動ラジカル重合」の手法が確立し，また原理的に困難とされてきた縮合重合における分子量制御の可能性もみえてきた．それらについて，他章における分子量の制御に関する記述とも関連付けながら解説したのが，新たに設けた第9章「ポリマーの分子量の制御」である．

　もとより本書は，「化学新シリーズ」の刊行趣旨にそって，基礎的な事項を中心に丁寧に解説したものであり，全般的な記述に関しては部分的なアップデートにとどめた．一方で，学習効果をより高めるために演習問題を見直し，また新しい問題を大幅に補充した．コラムにおいても新しい話題を加えるよう努めた．

　本書が著者なりの切り口でこの分野の糸口となることを願っている．

　本書初版の刊行にあたっては，化学新シリーズ編集委員長の右田俊彦 群馬大学名誉教授をはじめ同 編集委員の皆様にたいへんお世話になった．また，改訂版刊行に際しては，名古屋大学の上垣外正己教授，神奈川大学の横澤 勉 教授から資料をご提供いただいた．記してお礼申し上げる．出版にあたり多大のご尽力をいただいた（株）裳華房の小島敏照氏ほか編集部の方々に，あわせて謝意を表したい．

2011年4月

井 上 祥 平

目 次

第1章 高分子とは何か
- 1.1 高分子と低分子 …………………………………………………… 1
- 1.2 高分子であることはどうしてわかるか …………………………… 5
  - 1.2.1 分子量の測定と高分子化学の誕生 …………………………… 6
  - 1.2.2 分子量はどのようにして測るか ……………………………… 8
  - 1.2.3 分子量には分布がある ………………………………………… 11
  - 1.2.4 平均分子量 ……………………………………………………… 14
- 1.3 高分子はどのようにしてつくるか ………………………………… 16

第2章 縮合重合Ⅰ：何が分子量を決めるか
- 2.1 縮合重合とはどんな反応か ………………………………………… 19
- 2.2 重合度と反応度の関係 ……………………………………………… 21
- 2.3 重合度と官能基の量比の関係 ……………………………………… 29
- 2.4 重合度の分布 ………………………………………………………… 31
- 2.5 起こり得る副反応 …………………………………………………… 35

第3章 縮合重合Ⅱ：いろいろな反応
- 3.1 縮合重合の実際 ……………………………………………………… 37
- 3.2 反応性を高くする方法 ……………………………………………… 38
- 3.3 いろいろな縮合重合系高分子 ……………………………………… 45
- 3.4 重 付 加 …………………………………………………………… 51

第4章 付加重合Ⅰ：ラジカル重合の基本的概念
- 4.1 付加重合とはどんな反応か ………………………………………… 54
- 4.2 付加重合の素反応 …………………………………………………… 57
- 4.3 反応の速度 …………………………………………………………… 59
- 4.4 ポリマーの重合度 …………………………………………………… 61
- 4.5 連鎖移動反応 ………………………………………………………… 62
- 4.6 ポリマーへの連鎖移動 —— 枝分れ ……………………………… 66
- 4.7 禁 止 剤 …………………………………………………………… 68

4.8	素反応の速度	70
4.9	ポリマーの分子構造	72
4.10	付加重合の実際的方法	75

第5章 付加重合 II：モノマーの構造と反応性

5.1	モノマーの反応性を調べる	79
5.2	モノマー反応性比	81
5.3	モノマーの構造と反応性	86
5.4	コポリマーの構造単位の並び方	88
5.5	$Q\text{-}e$ スキーム	89
5.6	ラジカル重合の可逆性	91

第6章 付加重合 III：イオン重合

6.1	イオン重合と求電子・求核反応	93
6.2	アニオン重合	95
6.3	カチオン重合	103
6.4	イオン共重合	109

第7章 遷移金属触媒による付加重合とポリマーの立体規則性

7.1	エチレン・プロピレンの重合触媒	111
7.2	立体特異性重合	114
7.3	立体特異性重合の機構	116
7.4	高活性の触媒	122
7.5	極性モノマーの立体特異性重合	123
7.6	ジエンの重合における幾何異性の制御	124
7.7	遷移金属触媒による共重合	129

第8章 開環重合

8.1	開環重合と付加重合・縮合重合の関係	130
8.2	環状エステルの重合	131
8.3	環状エーテルの重合	133
	8.3.1 エポキシドのアニオン重合	133
	8.3.2 環状エーテルのカチオン重合	137

8.4	環状アミンの重合	141
8.5	環状アミドの重合	144
8.6	ポリペプチドを与える開環重合	147
8.7	開環重合とポリマーの立体規則性	148
8.8	開環メタセシス重合	153
8.9	ヘテロ不飽和化合物の重合	155

第9章 ポリマーの分子量の制御

9.1	イオン重合におけるポリマーの分子量の制御	158
9.2	ラジカル重合におけるポリマーの分子量の制御	159
9.3	金属錯体によるリビングラジカル重合	161
9.4	縮合重合における分子量の制御	163

第10章 ブロック共重合体とグラフト共重合体

10.1	ブロック・グラフト共重合体の特徴	167
10.2	ブロック共重合体の合成	168
10.3	グラフト共重合体の合成	172

第11章 網目構造の高分子

11.1	線状でない高分子の特徴	175
11.2	縮合重合における網目状高分子の生成	175
11.3	付加縮合	177
11.4	付加重合における網目状高分子の生成	180

第12章 高分子の化学反応

12.1	高分子も反応する	183
12.2	官能基の変換	184
12.3	高分子と高分子の反応	187
12.4	橋かけ	187
12.5	高分子の分解	191
12.5.1	熱分解	192
12.5.2	酸化分解	194
12.5.3	光分解	195

12.5.4　高分子の安定化……………………………………………………196
12.5.5　生分解性……………………………………………………………198
12.6　高分子の反応性の特徴……………………………………………………198
12.7　高分子触媒…………………………………………………………………200
12.8　橋かけ高分子の化学反応の応用…………………………………………201

参　考　書………………………………………………………………206
演　習　問　題…………………………………………………………207
問　題　解　答…………………………………………………………210
索　　　引………………………………………………………………215

column

ナイロンの発見　29
ポリ〔イミノ(1,6-ジオキソヘキサメチレン)イミノヘキサメチレン〕って
　何のこと？　39
棄てられてきた高分子　50
高分子の製品はどのようにしてつくるか　76
共重合体の例　91
用語は文化　99
ノーベル賞は偶然から　112
電気を伝える高分子　128
らせんを巻く高分子　148
デンドリマー (dendrimer)　165
ブロック共重合体, グラフト共重合体の例　173
高吸水性高分子　181
レーヨンとセロファン　186
高分子材料のケミカル・リサイクル　197

第1章 高分子とは何か

われわれは繊維，プラスチック，ゴムなど，さまざまな材料として高分子化合物を利用している．高分子は巨大分子，分子量の大きい分子のことだが，その分子量の測定をめぐる議論が高分子化学の誕生をもたらした．巨大分子といってもやたらに複雑な構造ではなく，比較的簡単な構成単位が数多く繰り返しつながっている．そうすると高分子化合物を合成するには，構成単位に相当する化合物の分子を互いに多数結合させればよいことになる．それにはどんな反応が考えられるだろうか．

1.1 高分子と低分子

本書を手にする読者は，おそらく「高分子」という言葉の意味をすでに知っていることと思う．しかしここであらためて，この言葉について考えてみよう．分子は，原子の集団であるが，集り方に一定の法則がある．例えば原子と原子との間の距離，すなわち結合の長さ，いくつかの結合の間の角度は，原子の種類によってほぼ定まっている．ある特定の化合物を構成する分子の中の原子の種類，数，結合の仕方は定まっている．

この「分子」の上に「高」がつく．この「高」は分子が大きいということを意味する．といっても，こんどは「大きい」とは何を意味するのか，ということになって，これでは説明は終らない．「大きい箱」の場合の大きいは体積のことを意味するが，分子の大きさはその体積ではなくて重さによって定義する．

さて，分子の重さは分子量，すなわち相対的な質量によって定義する．メタン CH_4 の分子量が（約）16であるというのは，炭素C（の同位体の1つ）の原子量（相対原子質量）を12とするという約束ごとの上に立ったものである．メタンの分子は，たぶん誰でも小さいと考えるだろう．メタンは「低分子」というわけである．それでは一体，どのくらいの大きさの分子量の分子ならば「高分

子」なのだろうか．メタン，エタン，プロパン，ブタン，……．有機化学の教科書の最初に出てくる鎖状飽和炭化水素，アルカンを分子量が大きい方へならべていったものであるが，これを一般的に化学式で書くと

$$\mathrm{H{+}CH_2{-}CH_2{-}CH_2{-} \cdots\cdots {-}CH_2{-}CH_2{-}CH_2{+}H}$$

1-Ⅰ

となる．この式のかっこの中の CH_2 の数が非常に多くなったもの，例えば1万個とか，が実は高分子化合物の代表の1つであるポリエチレンに他ならない（図1.1）．

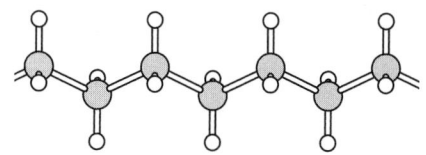

図 1.1　ポリエチレン分子の立体構造．●：炭素原子，○：水素原子．炭素-炭素単結合の周りには回転が起こり得るので分子は多様な形になる．この図は最も伸びた形である．

話が少し元に戻るが，鎖状飽和炭化水素，アルカンの系列をさらに分子量の大きい方まで書いていくと，ペンタン，ヘキサン，ヘプタン，……となり，これらの名前の語幹，例えば penta- は5という数を表す語に他ならない．そこに -ane というアルカンを表す語尾がついているのである．CH_2 が100個のものはヘクタン（hect-：百）というのだそうである．そうなると CH_2 が1万個だとどういう名前になるのだろうか．この問いには，実際的な意味はない．そのようなものは存在するだろうが，それを純粋な形でつくることが実際上不可能，正確には少なくとも現在のところ非常に困難だからである．では CH_2 の数が非常に多いが特定はできないものをどのように名づけるか．有機化合物の名称はその構造によってつける．前出の 1-Ⅰ で CH_2 の数を特定せず，ただそれが多いということを表したいときは，最も単純な構造単位を表す語の前にポリ

（poly-：多い）をつけることにする．そうすると CH_2 は「メチレン」であるから，1-Ⅰはポリメチレンということになる．では，ポリエチレンという名称は何なのか．これはその原料がエチレンに由来することに依っている．有機化合物の命名法は，その構造に基礎を置くもので，どんな方法でそれをつくったかは関係がない．しかし，高分子化合物の分野では，この構造に基礎を置く命名法とともに，原料に基礎を置く命名法も使ってよいことになっている．これは高分子化合物の分野がその応用と密接に関連して発展してきた歴史を反映しているので，実際上の便宜が大きいためである．そこでポリエチレンは，一般に1-Ⅱのように表される．この式では1-Ⅰと違って分子の末端がどうなっているかは示されていない．そのことについては後に述べることとして，ここでは $-CH_2-CH_2-$ という繰り返し単位の数がかなり多いことを意味している．

$$-\!\!\left(CH_2-CH_2\right)\!\!_{\overline{n}}$$
1-Ⅱ

　ここで話は本題に戻る．「かなり多い」の「かなり」とはどの程度の値を指すのか．分子量がどのくらい以上ならば高分子なのだろうか．実は，「高分子」と「低分子」との間に分子量の値の点ではっきりした境界があるわけではない．一応，分子量1万くらいを目安と考えてよいだろう．何だか頼りない話のように聞こえるかも知れないが，それは「高分子化学」という分野の起こり，歴史に関連する本質的なことでもある．「高分子化学」が1つの独立した分野になっているのは，いろいろな高分子化合物がそれぞれの分子の化学構造の違いに関係なく，「分子が巨大である」ということのために，多くの共通した，小さい分子には見られない性質を持っているからである．そのような，巨大分子らしい性質を示すことのできる分子量を持つものが「高分子」ということになる．高分子は分子量の巨大さで定義されるのであるが，実際にはそのことによって生じる性質によって定義されている，と見ることもできる．

　この巨大分子に特有の性質が，材料としての高分子化合物の利用の基本になっている．例えば，ポリエチレンのフィルムは柔軟である．これに対して，鎖状飽和炭化水素の炭素数を増やしていくと，常温・常圧で気体から液体へ，そして固体になっていく．この固体はいわゆる「パラフィン」の性質からわか

るように，硬く脆い．明確な融点を持っている結晶である．結晶は分子が互いに規則正しく配列することによってできる．

しかし炭素数が非常に多くなると，長い鎖状分子を互いに規則正しく並べることが難しくなってくることは容易に考えられるだろう．炭素–炭素単結合の周りには回転が起こり得る．その結果分子はいろいろな空間形態（立体配座：コンホメーション）をとり得る．ポリエチレンに限らず鎖状巨大分子に共通する特徴は，非常に多様な空間形態をとり得ることである．実際，ポリエチレンの固体では，一部では分子が互いに規則正しく配列して結晶性の部分をつくっているが，ほかの部分では規則正しく配列せず非晶性（無定形，アモルファス）の部分になっている（図1.2）．このように結晶性部分と非晶性部分の混在する固体が，ポリエチレンの柔軟な性質をもたらしているのである．セルロースのように多くのヒドロキシ基の間の相互作用によって分子相互の規則正しい配列が起こりやすいと，結晶性部分が多く繊維を形成するが，やはり非晶性部分が存在するのでセルロースの繊維は柔軟である．これに対してグルコースの結晶は硬く，脆い．

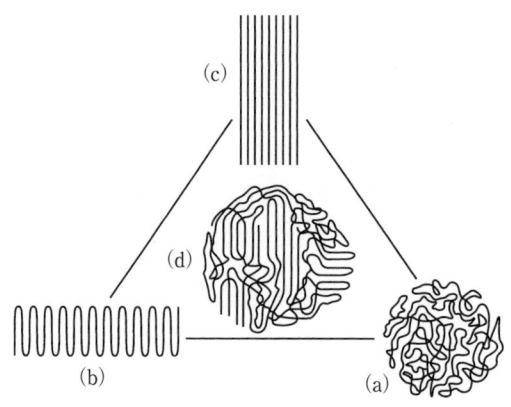

図 1.2 ポリエチレンの固体における分子の集合状態．(a) 非晶，(b) 折りたたみ鎖結晶，(c) 伸び切り鎖結晶，(d) 非晶と結晶の混在．この図で直線になっている部分では分子は図1.1のような形になっている．

1.2 高分子であることはどうしてわかるか

　ここにフィルムの小片があり，これはポリエチレンです，ポリエチレンは高分子です，といわれても，目で見，手で触っただけではそのことはわからない．

　高分子化合物の多くは有機化合物であり，有機化学の歴史は古いので，有機化合物の構造決定法は古典的なものから新しいものまでさまざまある．古典的方法の代表である元素分析によって，含有元素の種類と量比がわかる．核磁気共鳴吸収（NMR）は現代有機化学に不可欠の方法であり，元素組成のほか各原子の結合様式が「非破壊的に」（化学反応を使わずに）推論できる．

　問題は分子量の測定である．分子量がわからなければ高分子であることは証明できない．分子量は１個の分子に帰属される「量」であって，それとその分子の何らかの性質の間に対応があれば，その性質を測定することによって分子量を知ることができることになる．だから，そこで測定したい性質は，分子１個の挙動を反映するものでなければならない．ところが，実在する物質は必ず分子の集合体である．分子の集合体では，分子の間に何らかの相互作用が働いている．その物質の示す性質は，そのような分子間相互作用の効果を含むものである．固体ではもちろんのこと，液体においても分子間相互作用の寄与は大きい．そこで分子量の測定は，分子間相互作用のなるべく少ない条件，気体か，あるいは希薄な溶液について行われることが望ましい．古典的方法として，溶液の凝固点降下法，沸点上昇法があることはよく知られている．問題は，なるべく希薄な溶液について測定が行われることが望ましい，ということである．溶液を希薄にすればするほど，凝固点の降下，あるいは沸点の上昇の程度は小さくなってその測定が難しくなる．そして，分子量の大きい（と推定される）物質の場合ほど，凝固点あるいは沸点の変化は小さくなり，その測定はいっそう難しくなる．これらの方法の原理が，凝固点の降下あるいは沸点の上昇の程度が溶存している物質の分子数に比例することにもとづいているため，分子量の大きい物質では多量の試料を溶解してもその分子数は少ないことになり，凝固点，沸点の変化は微小なものとなってしまうからである．

1.2.1 分子量の測定と高分子化学の誕生

実はこの，分子量の測定という問題自体が，高分子化学という分野の誕生の動機そのものなのである．現在われわれは，多くの種類の高分子化合物が存在することを知っている．ポリエチレンは人間がつくった高分子，合成高分子の代表的な例の1つであるが，天然高分子，すなわち生物（人間以外の）のつくり出す高分子がある．人類は，高分子という言葉などない，その発祥のころからそれを生活のために利用してきた．木綿，麻などのセルロース，絹や羊毛などのタンパク質である．そのほかに形のあるものをつくる材料として使うものにゴムがある．天然ゴムはパラゴムノキの樹液に懸濁しているものを塩析して取り出し，加工する．これらの天然高分子の中で，セルロースとタンパク質は非常に溶解しにくい．これらの物質の巨大な分子の間にはきわめて強い力が働いていて，溶媒がそれをこわすことができないのである．一方，その強い分子間相互作用のために分子が互いに規則正しく配列して結晶になる傾向がある．実はこの性質が，木綿，麻，絹，羊毛が衣服などのための繊維として使われるもとになっている．

これに対して樹液から取り出したゴム，生ゴムは，いろいろな有機溶媒に溶解する．生ゴムはその元素分析の結果から，組成式が C_5H_8 であることがわかる．炭素5個の飽和の炭化水素は C_5H_{12} であるから，生ゴムは不飽和炭化水素ということになる．実際，それは不飽和炭化水素に特徴的な付加反応，例えば臭素の付加とか，触媒の存在下での水素の付加とかを容易に起こす．組成式 C_5H_8 に対してはいろいろな構造が考えられるが，付加反応性の量論から見て C_5H_8 当たり1個の不飽和結合しかないと考えられる．これに対する常識的な考えは，環状構造である．例えば C_5H_8 単位1個だけでは4員環となり，それは歪が大きくてあり得そうもないので，C_5H_8 2個から成る8員環を考えるのである．

そこで次に，分子量を測定することになる．幸い生ゴムはいろいろな有機溶媒に可溶であるので，測定は実行できる．実はこの実験が行われていたのは，1920年代のことである．結果は意外にも，溶液は凝固点降下も沸点上昇も示さないという事実であった．この事実についての当時の常識は，**1-Ⅲ**の分子が「副

原子価」によって会合して，見かけ上分子量の大きい状態になって溶液中に存在する，という考えに導くものであった．副原子価は19世紀末以来いわゆる配位化合物の構造を説明するのに導入され，一般的に受容された概念であるが，これを拡張して，例えば 1-III については，各分子の不飽和
結合の間に相互作用があって，全体としては分子の巨大な集合体としてふるまう，と考えるのである．

$$\begin{array}{c} CH_3 \\ | \\ CH_2-C=CH-CH_2 \\ CH_2-CH=C-CH_2 \\ | \\ CH_3 \end{array}$$

1-III

別の考えは，生ゴムが 1-IV のような線状の，主原子価（共有結合）で多数の構成単位が結びついた真の巨大分子である，というものである．ここでは分子の末端がどうなっているかはわからない

$$\begin{array}{c} CH_3 \\ | \\ +CH_2-C=CH-CH_2\!\!\!+_x \end{array}$$

1-IV

が，繰り返し単位の数 x が十分に大きければ元素分析値は C_5H_8 に相当するものと一致し，分子量測定において凝固点降下や沸点上昇が認められないという事実をも説明する．

上の2つの考えのいずれが正しいかを証明することが，巨大分子の化学——高分子化学の誕生の出発点となった．1-III の構造が否定された根拠の例を1つあげれば，もしこの分子の不飽和結合が「副原子価」としての役割を果たしているならば，それをなくしてしまえば，もはや「見かけ上巨大な分子」の挙動は失われてしまうだろう．そこで，当時既知の有機化学の知識を使って不飽和結合に水素を付加させた．ところが，こうして飽和になった生成物もまた，分子量測定において巨大な分子の実在を示す結果を与えたのである．

繰り返すが，1920年代の常識は，「主原子価」で構成された真の巨大分子などというものは存在しないというものであった．これに対して巨大分子の実在を唱えて闘った異端者として，ドイツ人シュタウディンガー (Staudinger) の名は特筆されるべきである．彼はゴムだけでなく多くの物質についてそれが真の巨大分子であることを証明し，高分子化学という領域は1930年代になってようやく市民権を得ることになったのである．この一連の物語は，既成の学問の

権威性，保守性と，それに抗して切り拓かれる新しい学問というものについて，変らぬ教訓をわれわれに与えるのである．

図 1.3　高分子化学の祖シュタウディンガー
　　　　（Staudinger, Hermann；1881〜1965）．
　　　　1953年ノーベル化学賞受賞
（高分子学会編：「高分子科学の基礎（第2版）」，東京化学同人（1994），p.1所載）

1.2.2　分子量はどのようにして測るか

さて，高分子化合物の分子量の測定は，いずれにせよ希薄溶液の性質にもとづくものであるが，代表的なものに「浸透圧法」がある．これは，溶媒は通すが溶質は通さない半透膜をへだてて溶液と溶媒を置くと，濃度を等しくしようとする方向へ溶媒が透過し，その結果両側の間に圧力が生じる，ということの原理にもとづくものである．この圧力は溶液中の溶質分子の数に比例するから，浸透圧を測定して溶液中の分子数を求め，これと溶解させた試料の重量とから分子量が計算できる．この方法は高分子化合物の分子量の測定には都合がよい．高分子化合物の分子は溶媒分子に比べ格段に大きいから，半透膜を通り抜けることはない．半透膜の材料の代表はセロファンである．

そのほかに「光散乱法」と「超遠心法」がある．これらの方法の原理を正確に解説することは本書の範囲を越えるので，ここではそのごく概略だけを述べる．光散乱法については，コロイド溶液のチンダル現象を思い起こしてほしい．これは液中に分散しているコロイド粒子が光を散乱するために起こる．高分子化合物の溶液はもちろん透明に見えるが，溶媒の分子と溶質である高分子とでは

その大きさがずいぶん違う．そこでこの溶液に光を当てると，その散乱が起こるのである．そしてその散乱の仕方と溶質高分子の分子量との間に関係があることを利用する．

　超遠心法の原理は遠心分離と同じである．泥水を遠心分離にかけると底に泥が沈み，上澄みの水は透明になる．高分子の溶液では，分子は溶媒のそれに比べて大きいとはいっても泥の粒に比べ格段に小さいので，非常に大きな遠心力をかける．そうすると溶液の中で高分子は遠心力の方向へ動く．その動きの速さか，あるいはその動きと拡散とが平衡になって高分子が集まる位置を測ることによって，高分子の分子量を求めることができる．

　残念ながら，これらの方法の多くはかなり大規模で高額の装置を必要とし，また十分に厳密に調整した条件で測定を行わなければならないことが多い．それで，例えばポリエチレンを日常的に生産している工場の現場でこれらの方法で分子量の測定を行うわけにはいかない．しかし製品の品質をチェックし，保証するために分子量の測定は必要である．

　そこで古くから用いられている方法に「粘度法」がある．高分子化合物の溶液は粘い．ブドウ糖を飽和溶液にしても粘くはないが，ブドウ糖の構造単位にして同じ濃度のデンプン溶液は粘い．そこで溶液の粘度から高分子の分子量を求めることはできないか，ということになる．

　この粘さ，粘度をどう定義しどう測るかはいろいろあり得るが，最も簡単で代表的な方法は，ある容量の溶液が垂直に立てた毛管の中を流下する時間 t を測り，それを溶媒の流下時間 t_0 と比べることである（**図1.4**）．

$$\text{相対粘度増分} \quad \eta_\mathrm{i} = \frac{t-t_0}{t_0} \tag{1.1}$$

粘度はもちろん溶液の濃度に依存するから，濃度 c で割った値 η_i/c について議論する．前に述べたように，測定はなるべく希薄な溶液について行う方がよい．そこで実際にいくつかの濃度で測定してみると，η_i/c の値がなお濃度に依存することがわかる．これは，ここで測定した濃度では，なお高分子の分子間に相互作用があることを示している．そこでさらに非常に薄い溶液について測定し

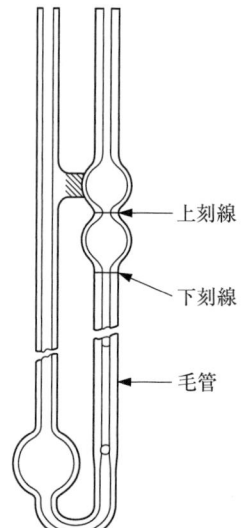

図 1.4 オスワルト (Ostwald) の粘度計. 上刻線と下刻線の間の容量の溶液, 溶媒が毛管を流下する時間を測る.

なければならないことになるのだが, これでは溶媒との差が観測できないことになってしまう. そこで実際にはいくつかの濃度で η_i/c を測定し, これを無限に薄い濃度へ外挿した値を求める (**図 1.5**).

$$\text{極限粘度数} \quad [\eta] = \lim_{c \to 0} \frac{\eta_i}{c} \quad (1.2)$$

そして実験的に, $[\eta]$ と分子量 M との間には次のような関係があることが見出されている.

$$[\eta] = KM^\alpha \quad (1.3)$$

ここで K と α は高分子化合物, 溶媒, 温度によって決まる固有の値である. この式は, ある高分子化合物の一連の試料について, 前に述べたいずれかの直接的方法によって分子量を測定し, 同じ一連の試料について $[\eta]$ を測定すると, この関係が成り立つことを示すものである. そこで, 同種の高分子化合物について分子量を知りたいとき, 同じ溶媒, 温度で $[\eta]$ を測定すれば, 式 (1.3) から簡単に M の値を求めることができる, というわけである.

1.2 高分子であることはどうしてわかるか

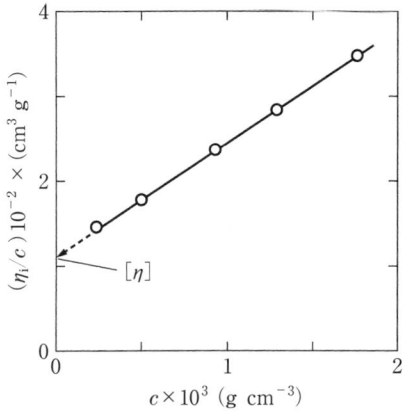

図 1.5 相対粘度増分 η_i と濃度 c との関係

1.2.3 分子量には分布がある

さて，上に述べた方法，浸透圧法，光散乱法，超遠心法，あるいは粘度法（これは間接的な方法ということになるが）のどれかで，ある試料の分子量を測定すると，当然のことながら1つの値が得られる．ここで，その値の持つ意味について説明しなければならない．

いまここに試薬びんに入った，純度の高いグルコースの細かい結晶があるとする．その一部を試料として用いて，例えば凝固点降下法によって分子量を測る．元素組成は別に測定してあるので，グルコースの分子式は $C_6H_{12}O_6$ と決まる．このことは，この試料がすべて $C_6H_{12}O_6$ という分子式のグルコースの分子から成ることを意味する．

一方，純粋にしたセルロース（例えば脱脂綿）の分子量が上述の直接的な方法のどれかで測定できたとする．セルロースを例としてここで取り上げたのは，その分子構造がグルコースの分子が結合した形に相当するからである．

グルコースの分子の間で水が取れて結合ができてセルロースの分子になっているので，セルロースの分子式は $(C_6H_{10}O_5)_x$ に相当する (**1-V**, **1-VI**)．このことはもちろん元素分析によってわかる．分子量がわかると，繰り返し単位の数

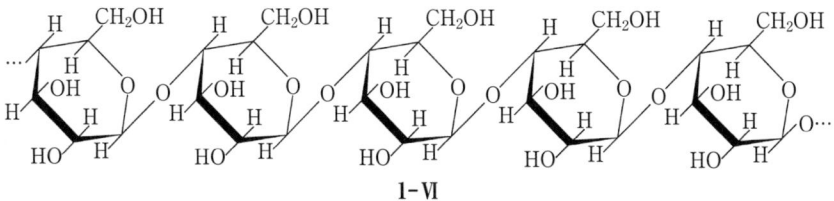

β-D-グルコピラノース

1-V

1-VI

x がわかることになる.

では,いま試料に使った脱脂綿の中のセルロースの分子は,グルコースの場合と同様に,同じ x の分子ばかりなのだろうか.実は**そうではない**のである.この話はここで初めて出てきたので読者は驚かれるかも知れないが,それが事実なのである.この試料には,いろいろな x のセルロースの分子が含まれているのである.「純粋なセルロース」という表現を使ったが,それは実はグルコースの試料が純粋であるという意味に照らせば,むしろ分子式 $(C_6H_{10}O_5)_x$ が同じ(厳密にいえばほとんど同じ)で x の異なる分子の混合物と呼ぶべきものである.このことはほとんどすべての天然高分子と合成高分子に共通することである.ポリエチレンのフィルムの一片も x の異なる 1-II の分子の混合物である.

高分子化学はこのような物質を対象とする分野である.それは第一には,高分子化学は分子が巨大であることにもとづく一般的な特性のために独立した分野となっているので,繰り返し単位の数 x が十分に大きければ,x の異なる分子の集合体を扱うことに本質的な問題はない,ということによっている.第二に,実際に例えば x が 1000 と 1001 のポリエチレン分子を純粋につくる方法は今のところないし,また異なる x のポリエチレン分子の混合物から特定の x の

ポリエチレン分子だけを取り出すことも今のところはできない．しかし，これらのことは今後可能になってくるかも知れないし，もし x が1000の分子だけから成るポリエチレンが入手できれば，その性質が x の異なる分子の混合物とは異なる，ということもあり得ることを付記しておこう．

では，例えばポリエチレンが異なる繰り返し数 x の分子 $\pm\mathrm{CH_2-CH_2}\pm_x$ から成ることはどんな事実によってわかるのだろうか．答えは簡単で，ある試料を異なる x を持つ多数の区分に分けることができる，ということである．これらの各区分はどれも $\pm\mathrm{CH_2-CH_2}\pm_x$ の構造を持っており，x だけが異なる．試料をこのような区分に分ける古典的な，しかし確実な方法は分別沈殿である．原理は，例えば $\pm\mathrm{CH_2-CH_2}\pm_x$ は，x が大きいほど，すなわち分子量が大きいほど溶媒に溶けにくい，ということである．溶解は，溶質の間の相互作用よりも溶質と溶媒との相互作用が強くなると起こる．溶質の間の相互作用は一般に，分子量が大きいほど強い．例えばポリエチレンを何かの溶媒に溶かす．そしてその溶液をゆっくりと冷却していく．しばらくすると，不溶物が少し沈殿してくるからこれを濾過して分け取って重量を測っておく．さらに冷却を続けるとさらに不溶物が少し沈殿する．これを濾別し，以下この操作を繰り返すと，元のポリエチレンが多数の区分（フラクション：fraction）に分かれる．もちろん，これらの区分がすべて $\pm\mathrm{CH_2-CH_2}\pm_x$ の化学構造を持つことは確かめなければならない．そして各区分の分子量を測定する．ここで得られた各区分はもちろんさらに分別が可能なはずであるが，上述の分別沈殿で得られた結果を，分子量とその分子量を持つ区分の重量の全試料中での割合との関係で示すと，例えば図1.6のようになる．このように，一般に，高分子化合物には分子量について分布がある．

現在では，クロマトグラフィーの原理を利用することによって，分子量分布のグラフを簡便に描くことができる．この目的に使うクロマトグラフィーはゲル浸透クロマトグラフィー（gel permeation chromatography, GPC）またはサイズ排除クロマトグラフィー（size exclusion chromatography, SEC）と呼ばれ，管につめた適当な充填物に試料の溶液を通すと，その充填物は小さい分子

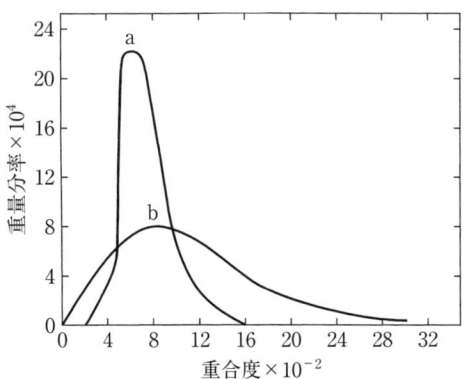

図 1.6 分子量分布曲線
a：ニトロセルロース（平均重合度 800），b：ポリスチレン（平均重合度 800）

をより長時間保持するので，分子量の大きい区分から先に流出してくる，というものである．流出液中の高分子の量は液の屈折率の変化などによって調べる．これと流出時間との関係をすぐグラフの形で見ることができる．流出時間から分子量の値を知るには，分子量が既知の試料についてあらかじめ較正曲線を得ておかねばならない．

1.2.4 平均分子量

　高分子物質には分子量について分布があるということになると，浸透圧法等々によってある試料から得た1つの分子量の値は何を意味するのだろうか．いうまでもなく，それは試料中の各分子の分子量の平均値であるということになる．

　さらに複雑な話にはなるが，その平均値の持つ意味が，分子量の測定法によって違うのである．それはそれぞれの測定法の原理にもとづくのだが，その説明は本書の範囲を越える．結論だけを書いておく．

　浸透圧法による測定では，数平均分子量 $\bar{M}_\mathrm{n}$ が得られる．分子量 M_i の分子が N_i 個存在する混合物の数平均分子量は

1.2 高分子であることはどうしてわかるか

$$\bar{M}_\mathrm{n} = \frac{\sum_i N_i M_i}{\sum_i N_i} \tag{1.4}$$

これは普通の意味の平均値といってよい．

一方，光散乱法と超遠心法によっては重量平均分子量 $\bar{M}_\mathrm{w}$ が求まる．

$$\bar{M}_\mathrm{w} = \frac{\sum_i N_i M_i^2}{\sum_i N_i M_i} \tag{1.5}$$

この意味を言葉で表すことは難しいが，図1.7で概念を理解してほしい．

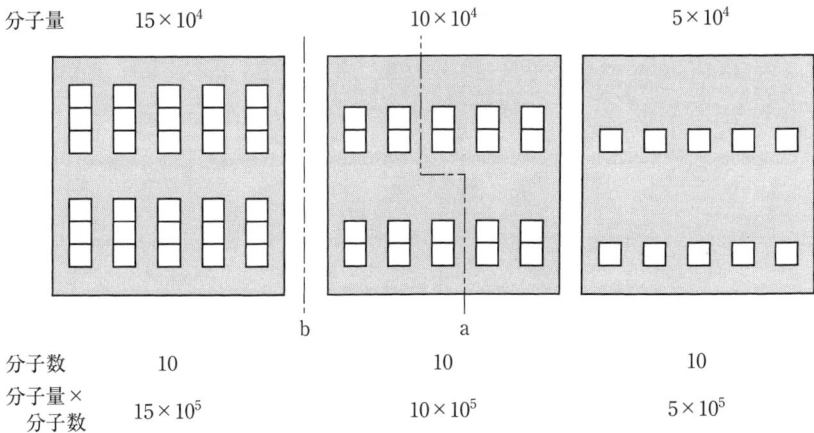

図 1.7 平均分子量の概念．簡単のため分子量 15 万，10 万，5 万の分子それぞれ 10 個の混合物を考える．分子量の大きい部分と小さい部分を半々に分けるとすると，分子数については線 a のところで，分子量×分子数（重さ）については線 b のところで分けることになる．式 (1.4), (1.5) から $\bar{M}_\mathrm{n} = 10 \times 10^4$, $\bar{M}_\mathrm{w} = 35/3 \times 10^4$ となる．

上の式 (1.4), (1.5) からわかるように，$\bar{M}_\mathrm{w}$ の値の方が $\bar{M}_\mathrm{n}$ よりも大きい．つまり，平均分子量の値は測定法によって異なるのであり，高分子の分子量のデータには測定法も書いていないといけない．仮に全く同一の分子量の分子のみから成る試料があるとすると，その場合は $\bar{M}_\mathrm{n}$ と $\bar{M}_\mathrm{w}$ とは等しい．分子量分

布の広がり（多分散度）が大きいほど，$\bar{M}_\mathrm{w}/\bar{M}_\mathrm{n}$ の値は大きい．GPC を使うと $\bar{M}_\mathrm{w}$ と $\bar{M}_\mathrm{n}$ とが同時に求まるので，この比を分子量分布の広がりの目安として使うことができる．

それでは，分子量の間接的測定法である粘度法によって得られる平均分子量の「平均」の意味は何なのだろうか．この値は式 (1.3) から計算するのであり，この式がつくられたときの M は $\bar{M}_\mathrm{n}$ か $\bar{M}_\mathrm{w}$ のどちらかであったに違いない．それは元の論文をたどればわかるはずである．しかし問題は，分子量の分布にある．この式をつくったときに用いられた試料と，今測定している試料とで分子量分布まで一致していることは，確認することはできないし，そのような期待もできない．したがって今測定した M が $\bar{M}_\mathrm{n}$ か $\bar{M}_\mathrm{w}$ なのかは明らかでない．そこで粘度法で測定した平均分子量はただその方法の名をとって「粘度平均分子量」と呼ばれる．これは分子量の値の目安と考えるべきものである．市販の高分子の試料を入手したとき，測定法の記載なしに分子量の値が記されていることがほとんどであるが，これは上述の意味の目安として見るべきものである．

1.3 高分子はどのようにしてつくるか

これまでポリエチレンとセルロースの例をあげてきたが，高分子は巨大分子であるといっても，一般にはやたらに複雑な構造をしているわけではない．数多くの，いろいろな原子が不規則につながってできているわけではない．そうではなくて，ある比較的簡単な構成単位が，数多く繰り返しつながっているのである．したがって高分子化合物を合成するには，この構成単位に相当する低分子化合物を原料として，その分子を互いに多数結合させればよいことになる．有機化合物が互いに反応してその間に結合が生成するような反応には，多くの種類がある．ただ，化合物 A と化合物 B とが反応して 1 個の結合が生成するだけでは，高分子化合物にはならない．化合物 A にも B にも，反応して結合をつくる個所（官能基）が 2 個所なければならない．

有機化学反応のタイプからいうと，2 種類の官能基が互いに反応して結合をつくる場合の代表は 2 つある．置換反応と付加反応とである．

1.3 高分子はどのようにしてつくるか

置換反応の例としてカルボン酸とアルコールの反応によるエステルの生成をあげる（エステル結合を太線で表す）．

$$\underset{\text{カルボン酸}}{R^1-\underset{\underset{O}{\|}}{C}-O-H} + \underset{\text{アルコール}}{R^2-O-H} \longrightarrow \underset{\text{エステル}}{R^1-\underset{\underset{O}{\|}}{C}\!=\!O-R^2} + H_2O \qquad (1.6)$$

つまりカルボン酸のヒドロキシ基 $-OH$ がアルコールの $-OR^2$ と置き換わる．その結果エステル結合 $-CO\!=\!O-$ が新たに生成する．ここでカルボン酸の方にカルボキシ基 $-\underset{\underset{O}{\|}}{C}-O-H$ が2個（ジカルボン酸），アルコールの方にヒドロキシ基が2個あれば（ジオール），生成物は高分子化合物のポリエステルになる．

$$\underset{\text{ジカルボン酸}}{H-O-\underset{\underset{O}{\|}}{C}-\bigcirc-\underset{\underset{O}{\|}}{C}-O-H} + \underset{\text{ジオール}}{H-O-\bullet-O-H}$$

$$\longrightarrow \underset{\text{ポリエステル}}{\left(\underset{\underset{O}{\|}}{C}-\bigcirc-\underset{\underset{O}{\|}}{C}\!=\!O-\bullet-O\right)_x} + xH_2O \qquad (1.7)$$

次の章で述べるが，ペットボトルの「ペット（PET）」，すなわちポリエチレンテレフタレートは，まさにこのタイプの反応によって製造される．

付加反応の例には，イソシアナートとアルコールの反応がある．

$$\underset{\text{イソシアナート}}{R^1-N\!=\!C\!=\!O} + R^2-O-H \longrightarrow \underset{\text{ウレタン}}{R^1-\underset{\underset{H}{|}}{N}-\underset{\underset{O}{\|}}{C}\!=\!O-R^2} \qquad (1.8)$$

イソシアナートの $N\!=\!C$ 結合にアルコールが付加反応を起こしてウレタン結合ができる．この場合もイソシアナート基を2個持つ化合物（ジイソシアナート）とジオールとの間の反応だと，生成物は高分子化合物のポリウレタンになる．ポリウレタンの方は，ゴムに似た弾性のある材料として，マットレスとかクッションに使われている．

$$O=C=N-\bigcirc-N=C=O \ + \ H-O-\bullet-O-H$$

ジイソシアナート

$$\longrightarrow \ \left(\begin{matrix} C-N-\bigcirc-N-C-O-\bullet-O \\ \parallel \ \ | \ \ \ \ \ \ \ \ \ \ \ \ | \ \ \parallel \\ O \ H \ \ \ \ \ \ \ \ \ \ \ \ H \ O \end{matrix} \right)_x \quad (1.9)$$

ポリウレタン

　高分子化学の分野では，式 (1.7) のタイプの反応を縮合重合，または重縮合と呼んでいる．その意味は，高分子化合物のほかに水が低分子生成物として生じ，その分だけ原料の分子から見て「縮んだ」ということであろうか．一方，式 (1.9) のタイプの反応は重付加と呼んでいる．こうした置換反応や付加反応はいろいろあるので，それらを利用して種々の高分子化合物を合成することができる．天然高分子のセルロースも，反応のタイプとしては式 (1.7) と似た置換反応によって植物の体内でつくられる．

　ところで，はじめの方から出てきたポリエチレンのことがまだ出てこないが，どうしてかと不思議に思っている読者があるかも知れない．ポリエチレンは，1-Ⅱの構造を持っており，エチレンを原料としてつくることはすでに述べた．

$$CH_2=CH_2 \ \longrightarrow \ (CH_2-CH_2)_x \quad (1.10)$$

このタイプの反応は付加重合と呼ばれる．式から見ると，不飽和結合が互いに付加することによって高分子化合物になる反応である．不飽和結合は付加反応を起こすことをもって特徴とするから，これは何の不思議もないように思われる．しかし実はそうではない．式から見ると，と書いたが，エチレン同士がそれだけで互いに付加する反応は起こらない．式 (1.10) の反応にはこの付加をスタートさせる「開始剤」が必要なのである．付加重合は重付加とは全く異なる種類の反応である．それではどうしてエチレンからポリエチレンができるのか．その謎はここでは謎として，後の章のためにとっておこう．また「縮合重合」と「付加重合」に必ずしも分類できない高分子合成反応もあるが，基本的には上の2つのタイプがあると考えてよい．

第2章 縮合重合 I：何が分子量を決めるか

縮合重合と付加重合が高分子合成反応の基本的な2つのタイプであるが，反応としてより単純な縮合重合の特徴について，まず考えよう．高分子合成反応について第1に重要なことは，生成物の分子量が何によって決まるかである．それを知ることによって，生成物の分子量を目的に応じて制御することも可能になるはずである．反応の進行の程度，反応する官能基の量比などがどう影響するかを考える．

2.1 縮合重合とはどんな反応か

縮合重合（condensation polymerization）（あるいは重縮合（polycondensation））の反応によって合成される実用的な高分子の代表的なものの1つは，1.3節で例をあげたポリエチレンテレフタレート（polyethylene terephthalate, PET）である．これはジカルボン酸であるテレフタル酸とジオールであるエチレングリコールの反応によってつくられる．

$$\text{HO-C}\underset{\text{O}}{\Vert}\text{-}\bigcirc\text{-C}\underset{\text{O}}{\Vert}\text{-OH} + \text{HO-CH}_2\text{CH}_2\text{-OH}$$
テレフタル酸　　　　エチレングリコール

$$\longrightarrow \left\{\text{C}\underset{\text{O}}{\Vert}\text{-}\bigcirc\text{-C}\underset{\text{O}}{\Vert}\text{-O-CH}_2\text{CH}_2\text{-O}\right\}_x + \text{H}_2\text{O} \quad (2.1)$$
ポリエチレンテレフタレート（PET）

新しく生成する結合はエステル結合であり，これが多数つながってできた構造を持つ高分子をポリエステルと通称する．PET はポリエステルの代表である．ワイシャツなどにポリエステル50 %，綿50 %などと書いてあるポリエステルは普通このPETであり，代表的な合成繊維の1つである．またいわゆるプラスチック（例えば「ペットボトル」）として，いろいろな容器などをつくる材料

として使われている．

ここで，式 (2.1) の基本である，カルボン酸とアルコールの反応がどのようにして起こるか，有機化学の教科書の復習をしておこう．この反応は，カルボン酸のカルボニル基の正に分極した炭素を，アルコールの非共有電子対を持った酸素が「求核的に」攻撃することによって起こる．

$$R^1-\underset{\substack{\|\\O\\\delta-}}{\overset{\delta+}{C}}-OH + R^2-\ddot{O}H \rightleftharpoons \left[\begin{array}{c}R^2-\overset{\oplus}{O}H\\|\\R^1-C-OH\\\|\\O\\\ominus\end{array}\right] \rightleftharpoons \left[\begin{array}{c}R^2-O\ \ H\\|\\R^1-C-O-H\\\|\\O\\\oplus\end{array}\right]$$

カルボン酸　　アルコール

$$\rightleftharpoons \underset{\text{エステル}}{R^1-\underset{\substack{|\\O}}{\overset{R^2-O}{\underset{\|}{C}}}} + H_2O \qquad (2.2)$$

この式が右向きに進むとエステルが生成することになる．注意しなければならないことは，この式は左向きにも進み得ることである．なぜならエステルのカルボニル基の炭素も正に分極しており，水の酸素原子によって求核攻撃を受ける可能性があるからである．実際，式 (2.1) は可逆反応である．このことは，すぐ後で述べるように，ジカルボン酸とジオールからのポリエステルの生成反応においては，きわめて重要な意味を持っている．

もう1つ，カルボン酸とアルコールからエステルと水ができる反応では，酸が触媒として働くことを付け加えておこう．最も基本的な定義の酸は，プロトンを受け取るものに対してそれを与えるものということであるが，ここではプロトンはカルボニル基の負に分極した酸素に受け取られて，カルボニル基の炭素をさらに強く正に分極させる．そして炭素はアルコールによる求核攻撃を受けやすくなり，反応が速くなる．逆反応のエステルの加水分解も同様に速くなるので可逆反応の平衡の位置は変らない．しかし反応を速く進めることは実際上重要である．この反応では原料の1つのカルボン酸自身が触媒として働き得るが，カルボン酸よりも強い酸を触媒として加えることが実際によく行われる．

$$R^1-\underset{O}{\underset{\|}{C}}-OH \xrightleftharpoons{H^+} \left[\begin{array}{c}R^1-\overset{+}{C}-OH\\|\\O\\|\\H\end{array}\right] \xrightleftharpoons{R^2-OH} \left[\begin{array}{c}R^2-\overset{+}{O}H\\|\\R^1-C-OH\\|\\O\\|\\H\end{array}\right]$$

$$\xrightleftharpoons{} \left[\begin{array}{c}R^2-O\ \ H\\|\ \ \ \ \ \ |\\R^1-C-OH\\\overset{+}{|}\\O\\|\\H\end{array}\right] \xrightleftharpoons{-H_2O} \left[\begin{array}{c}R^2-O\\|\\R^1-\overset{+}{C}\\|\\O\\|\\H\end{array}\right] \xrightleftharpoons{-H^+} \begin{array}{c}R^2-O\\|\\R^1-C\\\|\\O\end{array} \qquad (2.3)$$

ところで,ジカルボン酸にもジオールにも,多くの種類がある.とくにジカルボン酸の方は,シュウ酸,マロン酸,コハク酸,……といった「俗称」のある脂肪族ジカルボン酸が多く知られている.実際,高分子合成化学の初期のころには,これらとジオールからのポリエステルの合成が詳しく調べられた.しかし,生成物はどれも,材料として満足のいくものではなかった.その時期の研究からは抜け落ちていたテレフタル酸の使用が,やや後に材料としての成功をもたらしたのである.

いずれにせよ,ジカルボン酸,ジオールの種類が変っても反応の本質は同じであるので,これを前章の式 (1.7) のように表すことにする.また,同じ分子の中にカルボキシ基とヒドロキシ基を持つ化合物の反応でも同じことである.

$$H-O-\underset{O}{\underset{\|}{C}}-\bigcirc-O-H \xrightarrow{-H_2O} HO\left(\underset{O}{\underset{\|}{C}}-\bigcirc-O\right)_x H \qquad (2.4)$$

ヒドロキシカルボン酸

ここで生成する高分子の繰り返し構造単位の数 x のことを重合度 (degree of polymerization) という.この表現を使えば,繰り返し構造単位の如何によらず高分子合成反応の特徴を一般化して議論できる.

2.2 重合度と反応度の関係

式 (1.7) ((2.4) でもよい) がどのように進んでいくのかを詳しく追ってみよう.式 (2.4) の反応では最初は $HO_2C-\bigcirc-OH$ の分子だけが存在するから,

HO_2C-〇-O-C(=O)-〇-OH

2-I

これらの間で反応が起こる．生成物は **2-I** である．これが生成すると，次に起こり得る反応は3通りある．まず，2-Iのカルボキシ基と原料のヒドロキシ基との反応，それから2-Iのヒドロキシ基と原料のカルボキシ基との反応，そして2-Iの分子同士の間でのカルボキシ基とヒドロキシ基との反応である．もちろんまだ反応していなかった原料同士の反応も起こる．この段階での新たな反応生成物は **2-II** と **2-III** である．

HO_2C-〇-O-C(=O)-〇-O-C(=O)-〇-OH

2-II

HO_2C-〇-O-C(=O)-〇-O-C(=O)-〇-O-C(=O)-〇-OH

2-III

繰り返し単位の数が x のものを x 量体と呼ぶ．2-I，2-II，2-III はそれぞれ 2, 3, 4 量体である．次の段階ではすでにあげたもののほかに 2-3, 2-4, 3-1, 3-3, 3-4, 4-1, 4-4 の x 量体の組合せの反応が起こり得る．こうした反応が続くことによって，だんだん重合度の大きい（高い）生成物になっていくのである．

ここで考慮に入れなければならないのは，カルボキシ基とヒドロキシ基の反応性である．反応性は，例えば同じ濃度，同じ温度で反応したときの，時間当たりの反応量（つまり反応速度）で定義する．では，原料（1量体），2, 3, 4, ……量体の間で，カルボキシ基，ヒドロキシ基の反応性の間に違いはあるのだろうか，ないのだろうか．一般的にいえば，構造が違えば反応性には違いがある．しかし実際には，構造の似たものの反応性の間には，あまり，ないしほとんど差がない．もし仮にそうでなくて，2量体 2-I の官能基の反応性が原料に比べて極端に低くなるようなことがあるとすると，生成物は2量体ばかりになってしまうことになるが，実際にはそのようなことはない．

2.2 重合度と反応度の関係

表 2.1 鎖長 n と速度定数*

n	$k \times 10^4$ (25℃)
1	22.1
2	15.3
3	7.5
4	7.4_5
5	7.4_2
6	—
7	—
8	7.5
9	7.4_7
>10	7.6 ± 0.2*2

* $(\text{g 当量 L}^{-1})^{-1}\,\text{s}^{-1}$

*2 $n = 11, 13, 15, 17$ についての平均値

$$\text{H(CH}_2)_n\text{COOH} + \text{C}_2\text{H}_5\text{OH} \xrightarrow[\text{(HCl)}]{k} \text{H(CH}_2)_n\text{COOC}_2\text{H}_5 + \text{H}_2\text{O}$$

脂肪族カルボン酸とエタノールからのエステルの生成反応では，**表2.1**のように，カルボン酸の鎖長が炭素数3以上になると，カルボキシ基の反応性はもうほとんど同じであることが知られている．同様のことは，ほかの多くの有機化学反応においても認められている いわば「常識」であって，直接証明されていない場合でも同様であると推論されている，というのが正確ないい方ということになる．実際，ポリエステルの生成反応 (2.4) では，生成物は単に炭化水素鎖が長くなっていくのではなく，エステル基の数がだんだん多くなってくる．このことが分子の末端の官能基の反応性に影響を与えることはないだろうか．

この問いに対しては，重合度が変っても分子の末端の官能基の反応性は変らないことが，間接的な方法によって推論されている，というのがその答えである．いい換えると，官能基の反応性が重合度に依らず同じであると**仮定**すると，実際に見られる現象が説明できる（**矛盾しない**）という論理である．

いま，式 (1.7) のようなジカルボン酸とジオールの反応，あるいは式 (2.4) のようなヒドロキシカルボン酸の反応によるポリエステルの生成のことを考えている．一般に，化学反応の速度は反応に関与する官能基の濃度に比例する．

先に述べたように，これらの反応には酸が触媒として働く．いまの場合カルボキシ基自体が触媒として働くことになり，触媒の効果もその濃度に比例する．いま等モル量のカルボキシ基とヒドロキシ基を反応させるとする．式 (2.4) では当然そうなるし，式 (1.7) ならばジカルボン酸とジオールを等モル量反応させるのである．そうすると反応の速度，すなわちカルボキシ基（あるいはヒドロキシ基）の時間当たりの減少量は，それぞれの濃度を [ ] で表すと，

$$-\frac{d[\mathrm{COOH}]}{dt} = k\,[\mathrm{COOH}]^2[\mathrm{OH}] \tag{2.5}$$

ここで t は反応時間である．

ただし，この関係はすべての分子の官能基が全く同一の反応性を持っているという**仮定**の上に立っていることを強調しなければならない．式 (2.5) の k を反応速度定数というが，それがすべての分子について等しいと仮定してのことである．もしそうでなければ，反応速度を式 (2.5) のように簡単な形で表すことはできない．

さて，カルボキシ基とヒドロキシ基とは1個ずつが反応してエステル基をつくるので，最初 両官能基が等モル量あれば，反応が進行したどの時点でもこの関係は保たれている．つまり式 (2.5) は反応のどの時点でも成り立っているのである．両官能基は等モル量であるのでその濃度を c で表すことにすると，式 (2.5) は次のように書ける．

$$-\frac{dc}{dt} = kc^3 \tag{2.6}$$

この式を積分すると

$$2kt = \frac{1}{c^2} + 定数 \tag{2.7}$$

となる．ここで濃度 c，すなわち官能基の数は反応の進行とともに減少してくる．反応が始まったときの最初の濃度を c_0 とすると，反応の進行の度合は

$$p = \frac{c_0 - c}{c_0} \tag{2.8}$$

で表すことができる．この値を反応度 (extent of polymerization) と呼ぶ．定義から $0 \leq p \leq 1$ である．これは高分子化学の分野に特有の言葉で，一般の有機化学反応ならば反応率，または転化率 (conversion) というところである．重合度（生成物の繰り返し単位の数）とまぎらわしいので注意してほしい．

ここに定義した p を使って式 (2.7) の c を c_0 と p で表すと，p と t との間に次の関係があることになる．

$$2c_0^2 kt = \frac{1}{(1-p)^2} + 定数 \qquad (2.9)$$

つまり，t と $1/(1-p)^2$ の間には直線関係がある．反応度 p は，例えばカルボキシ基の濃度を測定することによって求める．

図 2.1 はジエチレングリコール 2-IV とアジピン酸 2-V との反応についての実際の結果である．反応のごく初期を除き，$1/(1-p)^2$ と t との間に直線関係が成立していることがわかる．すなわち，縮合重合反応が進んで分子の重合度が大きくなっても末端の官能基の反応性は変らない，という仮定は正しいと見ることができる．

$HO(CH_2)_2O(CH_2)_2OH$
2-IV

$HO_2C(CH_2)_4CO_2H$
2-V

そうなると，例えば式 (2.4) において，2-I，2-II，2-III，……のような重合度の異なる分子の末端の官能基の間での反応は，区別なく統計的に起こる．そういうわけで，生成物は必然的に異なる重合度の分子の混合物になる．

それでは，このような混合物の各分子の重合度の平均値と，反応度（反応の進行の程度）との間には何らかの関係があるのだろうか．反応が進行すればするほど重合度の大きい分子が生成してくるのだから，何かの関係があって当然であろう．

等モル量の官能基の間で反応が起こっている場合についての考察を続けよう．例えば式 (2.4) で出発物のヒドロキシカルボン酸の分子の間で反応が 1 回起こると，重合度 $x = 2$ の生成物ができる．これを分子の数から見ると，2 個

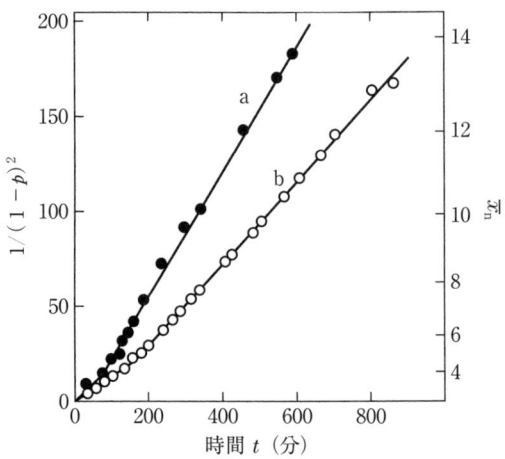

図 2.1 加熱重縮合における式 (2.9) の成立
a：ジエチレングリコールとアジピン酸 (202℃)
b：ジエチレングリコールとアジピン酸 (166℃)
（ただし，a は時間の値を 2 倍してある）

だったものが 1 個に減少したことになる．また官能基の数から見ても，2 個あったカルボキシ基（あるいはヒドロキシ基）が 1 個に減少している．この考えを一般化しよう．最初 N_0 個の分子があったとし，反応が進行して反応度 p となったときに分子の数が N 個に減少していたとする（官能基の初濃度 c_0 が c に減少した，といっても同じことである）．これは最初あった N_0 個の分子が，繰り返し構造単位となって N 個の分子に振り分けられたことを意味する．したがって，N 個に減少した各分子の中にある繰り返し構造単位の数は，平均すると N_0/N ということになる．反応度と官能基の濃度，すなわち分子の数との間には式 (2.8) の関係があるから，反応度 p における生成物の平均重合度 $\bar{x}_n$ は次の式で表される．

$$\bar{x}_n = \frac{N_0}{N} = \frac{c_0}{c} = \frac{1}{1-p} \tag{2.10}$$

ここでの平均重合度は数平均重合度である．これは数平均分子量（式 (1.4)）を構造単位の分子量で割ったものに当たる．式 (2.10) の関係を具体的な例につ

表 2.2 反応度と数平均重合度の関係

反応率（%）	0	50	80	90	95	99	99.9
反応度 p	0	0.50	0.80	0.90	0.95	0.99	0.999
数平均重合度 $\bar{x}_n$	1	2	5	10	20	100	1000

いて示したのが表 2.2 である．反応度が 0.9（反応率 90 %）に達しても，生成物の数平均重合度は 10 にすぎない．高分子がそれらしい性質を示すには，ある程度以上高い分子量，すなわち重合度が必要である．例えば，ポリエチレンテレフタレート（ポリエステルの代表）が合成繊維として使えるだけの強度を持つには，100 程度の平均重合度が必要である．このことは式 (2.1) の反応を 99 %まで進めなければならないことを意味する．

ここで，式 (2.1)，一般にはカルボン酸とアルコールからのエステルの生成が可逆反応であることが，きわめて重大な意味を持ってくる．このことはすでに前に触れた．

$$R^1-\underset{\underset{O}{\|}}{C}-O-H + R^2-O-H \overset{K}{\rightleftarrows} R^1-\underset{\underset{O}{\|}}{C}-O-R^2 + H_2O \qquad (2.11)$$

しかもこの反応の平衡定数 K は一般に 3〜5 程度であって，エステルの生成の方にそれほど偏っているわけではない．つまり，平衡に達した条件では，p は 0.9 にすらならないのである．これでは実用になるポリエステルはできない．

ここで，低分子のエステルをつくる有機合成反応と，ポリエステルをつくる高分子合成反応の明確な違いを強調しておきたい．例えば酢酸（式 (2.11)，$R^1 = CH_3$）とエタノール（$R^2 = C_2H_5$）から酢酸エチルが生成する反応も同様で，平衡に達したときの酢酸エチルの生成率は低い．しかし，この場合反応混合物から酢酸エチルを取り出すことは容易であり，収率は低くても純粋な酢酸エチルを得ることはできる．

ポリエステルの生成反応では全く事情がちがう．平衡に達したときには平均重合度の低い生成物しか得られない．生成物の中には少しは重合度の高い分子も含まれているはずであるが，それを取り出すことは全く実際的でない．酢酸

エステルの合成の場合でも同じことであるが、この可逆反応をエステルの生成の側へ移すには、もう一方の生成物である水を反応系外に除去すればよい。ポリエステルの合成反応においても、実際そのような手段がとられるのである。

実は、ポリエチレンテレフタレートの製造の最も代表的な反応は、テレフタル酸のジメチルエステルとエチレングリコールの反応である。

$$\mathrm{H_3C-O-\underset{\underset{O}{\|}}{C}-C_6H_4-\underset{\underset{O}{\|}}{C}-O-CH_3} + \mathrm{HO-CH_2CH_2-OH}$$

$$\xrightarrow{H^+} \left[\underset{\underset{O}{\|}}{C}-C_6H_4-\underset{\underset{O}{\|}}{C}-O-CH_2CH_2-O\right]_x + \mathrm{CH_3OH} \quad (2.12)$$

ポリエチレンテレフタレート

このタイプの反応は一般にエステル交換反応と呼ばれる。出発物も生成物もエステルとアルコールであり、もちろん可逆反応である。酸を触媒として加えて進める。反応の機構は、式 (2.3) の出発物がエステルであり、H_2O の代りに CH_3OH が関与すると考えればよい。重合度の高い生成物を得るには、系からメタノールを除去することになる。

平衡の話と関連して、もう1つの代表的な縮合重合の例をあげよう。それはポリアミド、つまりアミド結合の繰り返しから成る高分子である。その中でも代表的なのがアジピン酸とヘキサメチレンジアミンの反応で生成するナイロン66である。ナイロン (Nylon) はもともとデュポン (du Pont) 社が生産するポリアミドの商品名であるが、いまではポリアミドの通称として使われている。

$$\mathrm{H-O-\underset{\underset{O}{\|}}{C}-(CH_2)_4-\underset{\underset{O}{\|}}{C}-O-H} + \mathrm{H_2N-(CH_2)_6-NH_2}$$

アジピン酸　　　　　　　　ヘキサメチレンジアミン

$$\xrightarrow{H^+} \left[\underset{\underset{O}{\|}}{C}-(CH_2)_4-\underset{\underset{O}{\|}}{C}-\underset{\underset{H}{|}}{N}-(CH_2)_6-\underset{\underset{H}{|}}{N}\right] + \mathrm{H_2O} \quad (2.13)$$

ナイロン66

この反応はカルボン酸とアルコールの反応と同じく、アミノ基のカルボニル基

column ナイロンの発見

ハーバード大学の講師カロザース（W. H. Carothers）にデュポン社から新しくつくる研究所のリーダーになってくれないかと話が行ったのは，彼が31歳のときであった．デュポンはもっと有名な学者に声をかけたのだが断られ，結局彼に白羽の矢が立った．カロザースは基礎的な学問こそ重要だと考えている理想家で，実用研究には興味がなかったが，新しい研究所が基礎研究を重視するというので彼は行くことにした．1928年のことである．ところが偶然のことからクロロプレンのポリマーができて合成ゴムになることを見つけ，彼は実用の世界に巻き込まれることになった．彼をナイロンの発見へと導いたのは，多官能性化合物の重縮合についての基礎的な研究である．これは巨大分子説を高分子合成の立場から確かめる意味を持つ重要な仕事となった．その中で，エチレングリコールとセバシン酸〔$HOOC(CH_2)_8COOH$〕からできるポリエステルを溶融したものから繊維が引き出せることがわかった．この繊維がすごく伸びるので，端を持って部屋中を走り回って喜んだという話が伝えられている．

ポリエステル類は実用にならないと思われたのでポリアミドに目標を変え，ヘキサメチレンジアミンとアジピン酸からつくるナイロン66の発明となった．1935年のことである．この輝かしい成功にもかかわらず，カロザースは科学者としての自信を失くしていった．以前からあったうつ病の傾向が強くなり，1937年自らの命を絶った．

への求核置換反応である．しかしこの反応の平衡は生成物であるアミドの側に著しく偏っている．アミド結合のカルボニル基へは隣りのNから部分的に負電荷が供与されており，そのためカルボニル基の分極の程度は小さく，求核試薬（いまの場合 H_2O）の攻撃を受けにくい．この点がエステル結合と異なっている．そのため式 (2.13) の逆反応は実際上起こらない．

2.3 重合度と官能基の量比の関係

ここまで互いに反応する2種類の官能基が等モル量である場合について考えてきたのであるが，もしその量が等しくない場合，どんなことが起こるであろう

か．もし一方の官能基の量が他方よりも多いとすると，後者が反応しつくしてなくなってしまえば，前者の一部が未反応で残り，それ以上反応は進まないことになるだろう．等モル反応の場合には，式 (2.10) に見るように，理屈の上では，$p=1$，すなわち 100 ％反応が進めば，重合度は無限に（近く）大きい値になることになる．しかし反応する基のモル数に違いがあれば，生成物の重合度には上限が生じる．ここではこのことについて，定量的に考えてみよう．

テレフタル酸とエチレングリコールからポリエステルの生成する反応 (2.1) において，カルボキシ基とヒドロキシ基の数が最初それぞれ N_A，N_B であったとしよう．そして $N_B > N_A$ である場合を考える．1 個の分子には 2 個の官能基が付いているから，最初に存在していた分子の数は N_A（少ない方）と N_B の数の比 N_A/N_B を r とすると，

$$\frac{N_A + N_B}{2} = \frac{N_A(1 + 1/r)}{2} \qquad (2.14)$$

である．

反応が進んで官能基 A の反応度が p となったときに，未反応で残っている官能基の数は A（少ない方）については $N_A(1-p)$，B については $N_B - N_A p$ である．1 個ずつの A と B が反応するからである．したがって A の反応度が p のときに残っている官能基の総数は

$$N_A(1-p) + (N_B - N_A p) = N_A\left[2(1-p) + \frac{1-r}{r}\right] \qquad (2.15)$$

となる．これはそのとき反応系に存在する分子の数の 2 倍である．それぞれの分子には 2 個の官能基が付いているからである．式 (2.10) のところで説明したように，数平均重合度 $\bar{x}_n$ は最初の全分子数と反応度 p のときの全分子数の比であるから，

$$\bar{x}_n = \frac{N_A(1+1/r)/2}{N_A[2(1-p) + (1-r)/r]/2} = \frac{1+r}{2r(1-p) + (1-r)} \qquad (2.16)$$

となる．少ない方の官能基 A が全部反応してしまう反応度 $p=1$ のときは

$$\bar{x}_\mathrm{n} = \frac{1+r}{1-r} \qquad (2.17)$$

となる．例えば官能基 B が A に対し 5 % 過剰の場合には，$p=1$ のとき

$$\bar{x}_\mathrm{n} = \frac{1+1/1.05}{1-1/1.05}$$
$$= \frac{2.05}{0.05}$$
$$= 41$$

となり，$\bar{x}_\mathrm{n}$ はこれ以上高くなり得ない．つまり合成繊維としての性能を持ったポリエステルは得られない．したがって，この種の反応で高重合度の生成物を得ることが目的であれば，両官能基のモル数をなるべく正確に等しくすることが必要である．一方，目的によっては両官能基のモル比を変化させることによって，生成物の平均重合度を調節することができることにもなる．同じ目的は，官能基を 1 個しか持たない化合物を適宜加えることによっても達せられる．その化合物が反応したところで，その分子の重合度はもはや高くならなくなるからである．

2.4　重合度の分布

前の 2.2, 2.3 節で議論したのは平均重合度についてであった．しかしわれわれは，生成物がさまざまな重合度の分子の混合物であることを知っている．ここではそれがどうなっているかを考えよう．

例を等モル量の官能基が反応する場合にとる．ヒドロキシカルボン酸からのポリエステルの生成（式 (2.4)）の場合を考えるのが便利である．カルボキシ基を A，ヒドロキシ基を B としよう．そして重合度が x の分子を次のように表すことにする．

$$\mathrm{A-B\!-\!A-B\!-\!A-B\!-\!\cdots\!-\!A-B\!-\!A-B}$$

（A−B は繰り返し構造単位（式 (2.4) のかっこ）を，太線 ━ はエステル結合を表す．）

この中にはAがx個，Bがx個含まれているが，Aについていえば左端にあるAは未反応のカルボキシ基であるが，分子の内部にあるAはすでにヒドロキシ基Bと反応してエステル結合になっている．Bから見ても，このことは同様である．いまこの重合度xの分子が存在するときの反応度をpとする．反応度は最初あったA（またはB）のうちどれだけの割合が反応したかを示すのだから，それぞれのAについて見るとすでに反応している確率がp，まだ反応していない確率が$(1-p)$であることを意味する．

そうすると，重合度xの分子が存在するということはA（あるいはB）について確率pで反応が$(x-1)$回続いて起こり，残りの1回について$(1-p)$の確率で反応が起こらないということが続いたことに相当する．いい換えると，反応度pのときの全分子の中で重合度xの分子が存在する確率は$p^{x-1}(1-p)$ということになる．これは全分子の中の重合度xの分子の数の割合，すなわちモル分率f_xに相当する．

$$f_x = p^{x-1}(1-p) \tag{2.18}$$

この関係を描いたのが図2.2である．読者はそれがこれまで持っていた「分布」のイメージと，例えば図1.6と比べて見て，あまりに違うのに驚かれるのではないだろうか．図2.2を見ると，反応度pが高くなるほど重合度の高い分子のモル分率は高くなってくるが，それでもそのときの全分子中でモル分率が最も高いのは重合度1の分子である．しかし，注意してほしいのは，図1.6の分布は分別沈殿で得た結果であるから，各分子量（重合度）に対応する区分の重量の割合を表している，ということである．

図1.6のように直接実験から得られる結果と比べるには，われわれは，重合度とモル分率との関係ではなく，重量分率との関係を議論しなければならない．

結論を先に書こう．重合度xの分子の全分子に対する重量分率w_xは次のように表せる．

$$w_x = \frac{xN_x}{N_0} \tag{2.19}$$

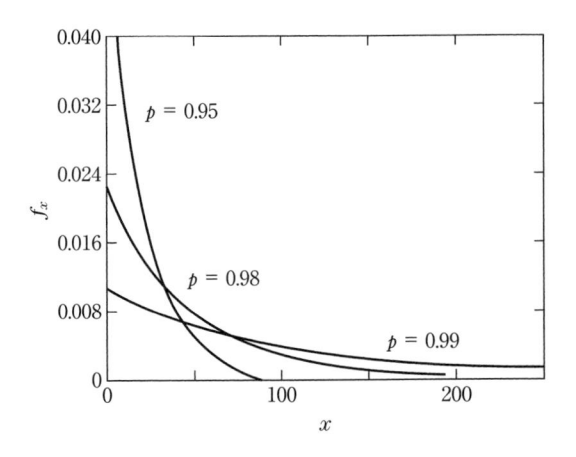

図 2.2 種々の反応度 p における縮合重合体の重合度 x
とモル分率 f_x との関係

ここで N_0 は最初に系に存在した分子の数，N_x は反応度が p のときの重合度 x の分子の数である．いま最初に系に存在した分子1個の重さを基準にとって1としよう．そうすると重合度 x の分子1個の重さは x である．いま重合度 x の分子が N_x 個あるとすると，その重合度 x の分子全体としての重さは xN_x である．いろいろな重合度 x の分子が存在するが，それぞれの重合度の分子全体の重さは xN_x である．これをすべての x について総和をとれば，それは全 x の全分子の重さになる．これは最初に系に存在した分子の重さ N_0 と一致する．要するに N_0 個の分子（重さを基準1とした）が，さまざまな重合度 x の分子，それぞれの数が N_x の集りに構造単位となって振り分けられたのである．これが式 (2.19) の意味するところである．

いい換えると，反応度 p のときの全分子数を N とすると

$$N_x = Nf_x \qquad (2.20)$$

であるから（これがモル分率 f_x の定義である），式 (2.18) とから

$$N_x = Np^{x-1}(1-p) \qquad (2.21)$$

となる．ここで N は式 (2.10) によって最初の全分子数 N_0，反応度 p と関係づけることができる．

$$N = N_0(1-p) \tag{2.22}$$

式 (2.19) に式 (2.21)，(2.22) の関係を入れると

$$w_x = xp^{x-1}(1-p)^2 \tag{2.23}$$

となる．この関係を描いたのが**図 2.3** である．このように重合度の分布を重量分率の形で表すと，図 1.6 と同様のなじみのある分布の形になるのである．いずれにせよ重合度（分子量）の分布はかなり広いものである．

数平均重合度は，式 (2.18) を用いて

$$\begin{aligned}
\bar{x}_n &= \sum_{x=1}^{\infty} x f_x \\
&= \sum_{x=1}^{\infty} x p^{x-1}(1-p) \\
&= \frac{1-p}{(1-p)^2} = \frac{1}{1-p}
\end{aligned} \tag{2.24}$$

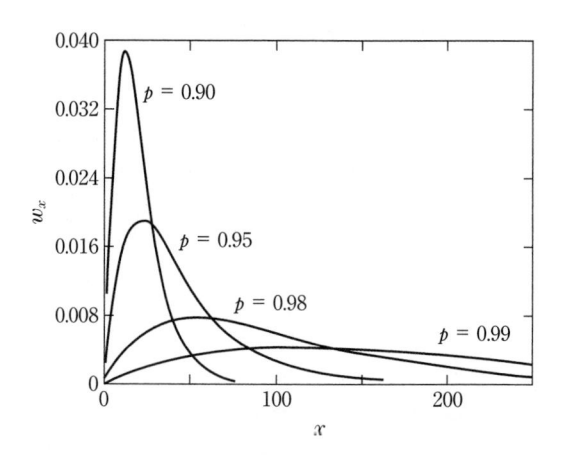

図 2.3 種々の反応度 p における縮合重合体の重合度 x と重量分率 w_x との関係

と表せるが，これは式 (2.10) と同じである．

一方，重量平均重合度は式 (2.23) から，

$$\bar{x}_\mathrm{w} = \sum_{x=1}^{\infty} x w_x$$

$$= \sum_{x=1}^{\infty} x^2 p^{x-1}(1-p)^2$$

$$= \frac{(1-p)^2(1+p)}{(1-p)^3}$$

$$= \frac{1+p}{1-p} \tag{2.25}$$

となる．したがって

$$\frac{\bar{x}_\mathrm{w}}{\bar{x}_\mathrm{n}} = 1+p \tag{2.26}$$

ということになる．$p=1$ では $\bar{x}_\mathrm{w}/\bar{x}_\mathrm{n}=2$ となるはずである．

2.5 起こり得る副反応

ここまで，主にカルボン酸とアルコールの反応によるエステル結合の生成によって高分子ができる場合について議論してきた．ここで，原点に戻って，最も基本的なことがらに疑問を呈してみよう．そのような態度こそ科学というものである．

われわれはカルボン酸とアルコールとの間の反応のみが起こると考えてきたのであるが，アルコール同士の反応，カルボン酸同士の反応は果たして起こらないのだろうか．有機化学の教科書を見ると，アルコールを酸の存在下で加熱すると，反応条件によって，分子内で，あるいは分子間で脱水反応が起こって，アルケンまたはエーテルが生成する，と書かれている．そしてもし後者が起こると，エーテル結合を骨格（主鎖）に含む高分子が生成することになる．実際に，工業的に生産されるポリエチレンテレフタレートにはこのヒドロキシ基間の脱水反応の結果，普通1～2モル％程度のジエチレングリコール単位 $-\mathrm{O}-\mathrm{CH}_2\mathrm{CH}_2-\mathrm{O}-\mathrm{CH}_2\mathrm{CH}_2-\mathrm{O}-$ が含まれている．その含量は製品の性質に影響を及ぼす．

一方，カルボキシ基同士の脱水反応による酸無水物 $-CO-O-CO-$ もジカルボン酸の構造によっては生じるが，この結合の反応性が高いためアルコールの存在下では結局エステル結合となると考えられる．

次に，エステル結合の生成そのものに関連する副反応がある．まず分子の末端には必ずカルボキシ基とヒドロキシ基がある．もしこれらの基の間で，分子間でなく，同じ分子内で反応が起こったらどうなるか．結果は環状化合物の生成となる．

$$HO{-}(\!\underset{\underset{O}{\|}}{C}{-}C_n{-}O)_{\!x}\!H \longrightarrow \overline{(\!\underset{\underset{O}{\|}}{C}{-}C_n{-}O)_{\!x}} + H_2O \qquad (2.27)$$

環状化合物が構造上安定な場合 (5員環，6員環) は，この反応の寄与は大きい．また意外なほど環の大きい生成物ができることもある．

一方，アルコールがエステル基と反応してエステル交換反応を起こすことを述べたが (式 (2.12))，これが高分子末端のヒドロキシ基と同じ分子の主鎖のエステル基との間で起こると，やはり環状化合物が生成することになる．

$$(CO{-}C_n{-}O)_{\!x}(CO{-}C_n{-}O)_{\!y}H$$
$$\longrightarrow (CO{-}C_n{-}O)_{\!x}H + \overline{(CO{-}C_n{-}O)_{\!y}} \qquad (2.28)$$

また，ある分子の末端のヒドロキシ基が別の分子の主鎖のエステル基と反応すると，いったん生成した高分子の重合度の変化が起こることになる．

$$(CO{-}C_n{-}O)_{\!x}H + (CO{-}C_n{-}O)_{\!y}(CO{-}C_n{-}O)_{\!z}$$
$$\longrightarrow (CO{-}C_n{-}O)_{\!x}(CO{-}C_n{-}O)_{\!z} + (CO{-}C_n{-}O)_{\!y}H \qquad (2.29)$$

これらの反応はいずれも，ヒドロキシカルボン酸からのポリエステルの生成反応に必然的に伴う可能性のある反応である．ジカルボン酸とジオールとの反応においても同様の副反応の可能性がある．

第3章 縮合重合 II：いろいろな反応

ジカルボン酸とジオール，ジアミンとの反応によるポリエステル，ポリアミドの生成は加熱条件下に溶融状態でゆっくり進む．しかし全芳香族ポリアミドのように耐熱性，高融点の高分子の合成にはこの方法は使えない．もっと低温で反応を進めるにはどうしたらよいかを考えよう．ポリエステル，ポリアミド以外にも種々の高分子が縮合重合によってつくられる．どんな反応が使われるかを見よう．

3.1 縮合重合の実際

ここで，縮合重合によって高分子をつくる場合の具体的なイメージを持っておいた方がよいだろう．ここではアジピン酸とヘキサメチレンジアミンからのナイロン66の製造を例にとろう（式 (2.13)）．縮合重合反応において重合度の高い生成物を得るにはまず両官能基のモル数が等しいことが必要であることを知ったが，ここではそのことは容易に達成できる．脂肪族のアミンは強い塩基であるのでカルボン酸と混ぜるとすぐに塩が生成する．塩の中では電気的中性の原理によりアミノ基（アンモニウム基）とカルボン酸（カルボキシラート基）とは必ず等モルになっている．こうしてできた塩（ナイロン塩）を出発物として反応を進める．

$$\underset{\text{アジピン酸}}{HO-\underset{\underset{O}{\|}}{C}-(CH_2)_4-\underset{\underset{O}{\|}}{C}-OH} + \underset{\text{ヘキサメチレンジアミン}}{H_2N-(CH_2)_6-NH_2}$$

$$\longrightarrow \underset{\text{ナイロン塩}}{[^-O_2C(CH_2)_4CO_2^-]\,[H_3N^+(CH_2)_6N^+H_3]} \quad (3.1)$$

ナイロン塩を50％程度の水溶液にし，重合度調節剤として少量の酢酸などを加える．1官能性の化合物を加えるとその量に応じて重合度が調節できること

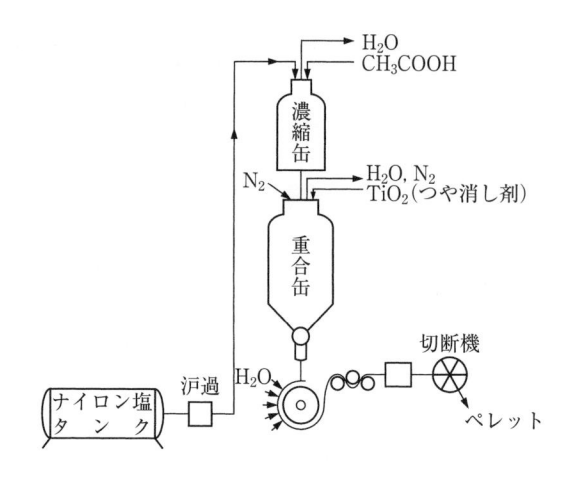

図 3.1 ナイロン 66 の製造工程

はすでに述べた．この混合物を窒素雰囲気にした反応容器中で加熱し，減圧にして生成してくる水を除く．はじめ反応系はさらさらした液体であるが，生成物の重合度が高くなるにつれて系はどろどろした粘度の高い液状物となってくる．これをさらに加熱し，最終的には 270～280 ℃ にして反応を進め，数平均重合度 100 程度のナイロン 66 ができる．

$$\text{ナイロン塩} \xrightarrow{-H_2O} \left[\underset{O}{\overset{\parallel}{C}}(CH_2)_4\underset{O}{\overset{\parallel}{C}}-\underset{H}{\overset{|}{N}}(CH_2)_6\underset{H}{\overset{|}{N}}\right]_x \quad (3.2)$$

ナイロン 66

この温度では生成物は溶融しており，これを反応容器の小さい孔から取り出して冷却，固化させ，数ミリ程度の小片（ペレット，チップ）に切断して乾燥する．図 3.1 は連続式重合装置の例である．繊維，成型品のような製品の形にするには，このペレットを再び溶融し，目的に応じた形にする工程（紡糸，成型加工）を経る．

3.2 反応性を高くする方法

上に述べたナイロン 66 の合成では，反応を最終的には 270～280 ℃ とかな

column　ポリ〔イミノ（1,6-ジオキソヘキサメチレン）イミノヘキサメチレン〕って何のこと？

　答え：これはナイロン66（式（3.2））の，国際純正応用化学連合（IUPAC）の勧告に従った「正式の」名称である．もちろん有機化合物の命名法と同じく構造に基礎を置いている．高分子化合物については原料に基礎を置いた命名法も使えるので，それによる慣用名は"ポリヘキサメチレンアジパミド"となる．次のIUPAC名の高分子化合物が慣用名では何に相当するのか考えてみてほしい．(1) ポリ（1-アセトキシエチレン）．(2) ポリ〔イミノ（1-オキソヘキサメチレン）〕．(3) ポリ（オキシエチレンオキシテレフタロイル）．(4) ポリ〔1-（メトキシカルボニル）-1-メチルエチレン〕．どれもこの本に出てくる．IUPAC名は索引作成など系統的な整理のためには必要である．

　構造基礎名にしろ原料基礎名にしろ，国際的に通用するのは英語での表記である．これを日本語にするときにも約束がある．例えば poly (ethylene terephthalate) は ethyl acetate → 酢酸エチルと同じ使い方にするとポリ（テレフタル酸エチレン）となる．もっと一般的には「逐字読み」にしてポリエチレンテレフタラートとする．教科書では一般にこの形に統一してある．しかし生産現場などでは英語の発音に近くポリエチレンテレフタレートというのがむしろ普通である．逐字読みはドイツ語に近く，かつて化学の中心がドイツにあった歴史を反映している．しかし逐字読みが「日本語」を創っている場合もある．styrene：スチレンは英語の発音ではスタイリンに近く，ドイツ語では Styrol シュティロールとなる．「ポリスチロール」はここからきている．

り高い温度で行っている．これはポリエチレンテレフタレートをつくる場合についてもほぼ同様である．2.2節の図2.1のジオールとジカルボン酸との反応も同様に，比較的高い温度でゆっくりと進むのである．

　それでは，ポリアミドやポリエステルの生成反応には，必ずこうしたかなり高い温度などが必要なのだろうか．そんなことはもちろんない．反応に必要な温度，時間は，反応に関与する官能基の特性としての「反応性」によって決まる，というのが有機化学の教えるところである．いま考えている反応はカルボニル

基に対するアミンあるいはアルコールの求核攻撃によって起こるのであるから，これらの少なくとも一方の反応性を高めることによって，速い，低温でも起こる反応が期待できると考えられる．実際には，「カルボン酸を活性化する」ことが最もよく行われる便利な方法である．すでにカルボン酸とアルコールの反応の代りにカルボン酸エステルとアルコールの反応が使えることを示したが，この場合のエステルがどのような構造を持つかによって反応性は大幅に変化する．カルボン酸誘導体の構造をもっと大きく変化させると，反応性を格段に高めることもできる．よく知られているように，カルボン酸誘導体の反応性は

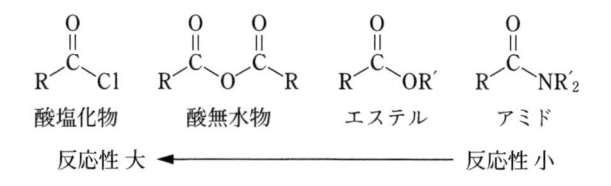

$$\underset{\text{酸塩化物}}{R-\overset{O}{\underset{\|}{C}}-Cl} \quad \underset{\text{酸無水物}}{R-\overset{O}{\underset{\|}{C}}-O-\overset{O}{\underset{\|}{C}}-R} \quad \underset{\text{エステル}}{R-\overset{O}{\underset{\|}{C}}-OR'} \quad \underset{\text{アミド}}{R-\overset{O}{\underset{\|}{C}}-NR'_2}$$

反応性 大 ←――――――――――― 反応性 小

のような順になる．

そこで実際，例えばナイロン66を合成するときに，アジピン酸の代りにアジピン酸塩化物（塩化アジポイル）を用いると，ヘキサメチレンジアミンとの反応は室温できわめて速やかに進む．

$$Cl-\underset{\underset{O}{\|}}{C}-(CH_2)_4-\underset{\underset{O}{\|}}{C}-Cl + H_2N-(CH_2)_6-NH_2$$

塩化アジポイル

$$\longrightarrow \left[\underset{\underset{O}{\|}}{C}-(CH_2)_4-\underset{\underset{O}{\|}}{C}-\underset{\underset{H}{|}}{N}-(CH_2)_6-\underset{\underset{H}{|}}{N}\right]_x + HCl \qquad (3.3)$$

この反応を適当に制御し，高分子量の生成物を得る方法に界面重縮合（interfacial polycondensation）がある．界面重縮合は，高分子生成反応を「目で見る」方法として実験室で行うのにも適している．要は，一方の成分を水に溶かし，他の成分を水と混ざらない有機溶媒に溶かし，両層を静かに接触させるとその界面で速やかに反応が起こる，というものである（**図3.2**）．この反応では，

3.2 反応性を高くする方法

```
           ポリアミド
           ジアミンと水酸化ナトリウムの水溶液
           境界面
           ジカルボン酸ジクロリドの四塩化炭素溶液
```

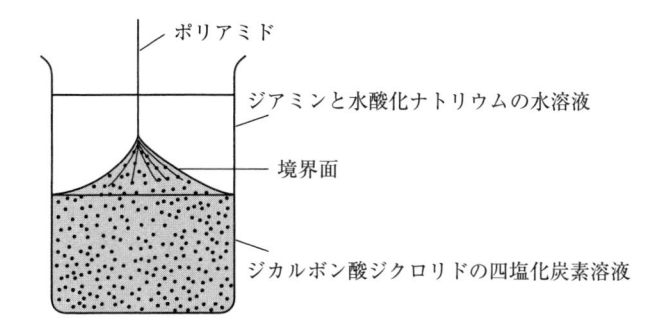

図 3.2 界面重縮合の実験．例えば塩化アジポイルの四塩化炭素溶液をビーカーに入れ，その上にヘキサメチレンジアミンと水酸化ナトリウムを含む水溶液を静かに入れる．両液の界面で速やかに反応が起こり，生成したナイロン 66 の膜ができる．これをピンセットでつまんで引き上げていくと，界面で次々と反応して生成した高分子がひも状になって取り出される．

両成分を等モルにしなくても重合度の高い生成物が得られる．ただし，ナイロン 66 の実際の製造にこの反応が用いられるわけではない．酸塩化物は反応性が高いだけにカルボン酸に比べ取扱いには格段の注意が必要である．実際には，そうした難点があってもなおそれに見合う利点がある場合に，こうした「活性化カルボン酸誘導体」が実用されるのである．その例については後に述べる．

その部類に入るのだが，酸無水物を用いる例としては次のポリイミドの合成がある．

無水ピロメリット酸

ジメチルアセトアミド中
室温

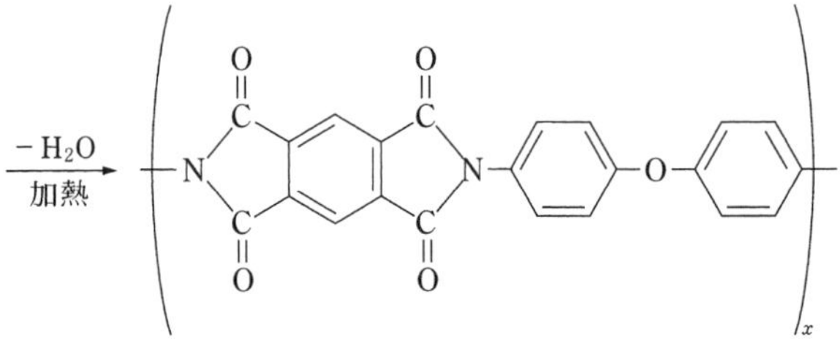

$$\xrightarrow[\text{加熱}]{-\mathrm{H_2O}} \text{[ポリイミド構造]} \quad \text{ポリイミド} \qquad (3.4)$$

これはジメチルアセトアミドのような極性溶媒の溶液中で比較的低温で行う反応で，低温溶液重縮合と呼ばれる．生成物を加熱脱水するとポリイミドになる．

同じエステルでもその構造によって反応性が大きく変化することはすでに触れたが，反応性の高い「活性エステル」の代表に p-ニトロフェニルエステルがある．活性エステルはペプチド合成の中で主役を演じるもので，タンパク質・ペプチドの化学の長い歴史の中に位置づけられる．タンパク質はもちろん高分子であるが，その生理活性など独自の性質が興味の対象となるので，その化学は独立した分野となって発展してきた．しかしここで結合の生成と官能基の反応性の関係一般の中で触れておくのは有意義であると思う．

α-アミノ酸 $\mathrm{H_2N-CHR-CO_2H}$ は分子内で塩をつくっており（$\mathrm{H_3N^+-CHR-CO_2^-}$）（式 (3.1) のナイロン塩参照），これを加熱，脱水すればポリペプチド構造の高分子ができてもよいのであるが，加熱して生成するものの素性ははっきりせず，また最も重要で特徴的な光学活性が失われてしまう．そこでエステル $\mathrm{H_2N-CHR-CO_2R'}$ の反応はどうかということになるが，2分子からの環状化合物の生成が最も起こりやすい（2.5節，式 (2.27) 参照）．

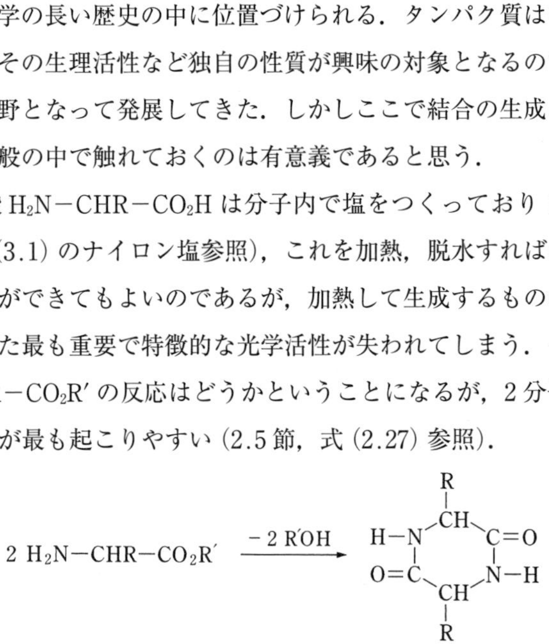

$$2\,\mathrm{H_2N-CHR-CO_2R'} \xrightarrow{-2\,\mathrm{R'OH}} \text{[環状ジケトピペラジン]} \qquad (3.5)$$

そこで，鎖状のペプチドを確実に生成させるには，2つの分子の内の一方の

3.2 反応性を高くする方法

アミノ基を「保護」して一時的に反応性を失わせ，エステル基の方を「活性エステル」にして反応性を高め，他方の分子のアミノ基と反応させる，という方法をとる．後者のカルボキシ基は例えば「不活性な」エステルにしておく．

$$\underbrace{C_6H_5-CH_2-O-\underset{\underset{O}{\|}}{C}-\underset{\underset{H}{|}}{N}-\underset{\underset{R^2}{|}}{CH}-\underset{\underset{O}{\|}}{C}-O}_{\text{保護基 Z}}\underbrace{-C_6H_4-NO_2}_{\text{活性エステル}} + H_2N-\underset{\underset{R^1}{|}}{CH}-\underset{\underset{O}{\|}}{C}-O-CH_3$$

$$\xrightarrow{-HO-C_6H_4-NO_2} C_6H_5-CH_2-O-\underset{\underset{O}{\|}}{C}-\underset{\underset{H}{|}}{N}-\underset{\underset{R^2}{|}}{CH}-\underbrace{\underset{\underset{O}{\|}}{C}-\underset{\underset{H}{|}}{N}}_{\text{ペプチド結合}}-\underset{\underset{R^1}{|}}{CH}-\underset{\underset{O}{\|}}{C}-O-CH_3$$

(3.6)

この生成物の保護基 Z は接触水素化により外して，左端をアミノ基にすることができる．この条件では右端の不活性エステル基はそのままである．そこで次に $Z-NH-CHR^3-CO-O-C_6H_4-NO_2(p)$ を反応させる……，という手順を繰り返すと

$$\cdots -NH-\underset{\underset{R^3}{|}}{CH}-CO-NH-\underset{\underset{R^2}{|}}{CH}-CO-NH-\underset{\underset{R^1}{|}}{CH}-COOCH_3$$

というようなポリペプチドが合成できることになる．ここでアミノ酸単位（残基という）の順序は当然定まったものがつくれるのであり，それがこの方法の目的である．

　上に述べたのは，「活性化カルボン酸誘導体」あるいは「活性アシル誘導体」を合成，単離して求核剤との反応に用いる例であるが，いわゆる「活性化剤」を反応系中でカルボン酸と反応させて活性アシル誘導体を発生させ，この系にそのまま求核剤を加えて反応を進めることが考えられる．酸塩化物，酸無水物などは反応性が高いだけに，単離したものの取扱いには十分の注意が必要である．その点，系中で発生させた活性アシル誘導体をそのまま求核剤と反応させる方法は便利がよい．

　実はこのような活性化剤についても，ペプチド化学の分野に長い歴史と大き

い蓄積がある．ペプチド合成のための代表的な活性化剤として，カルボジイミドがある．これを用いるとN−保護アミノ酸と別のアミノエステルから直接ペプチド結合がつくれる．式 (3.6) と比べてほしい．

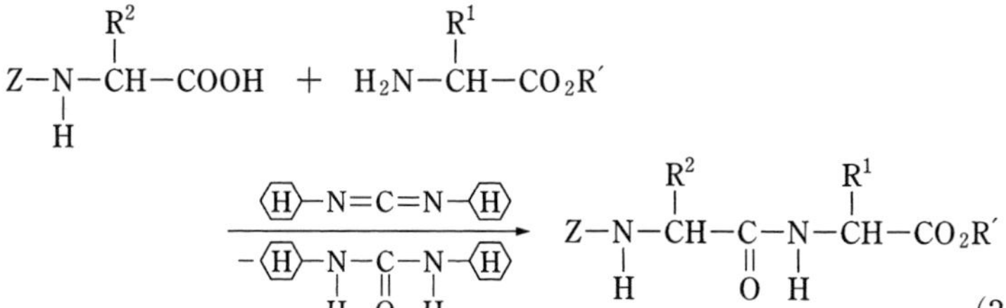

(3.7)

この式から見ると，ジシクロヘキシルカルボジイミドはカルボキシ基とアミノ基からの脱水剤として働いていることになる．実際にはカルボジイミドはカルボン酸として反応して *O*-アシルイソ尿素を生成する．

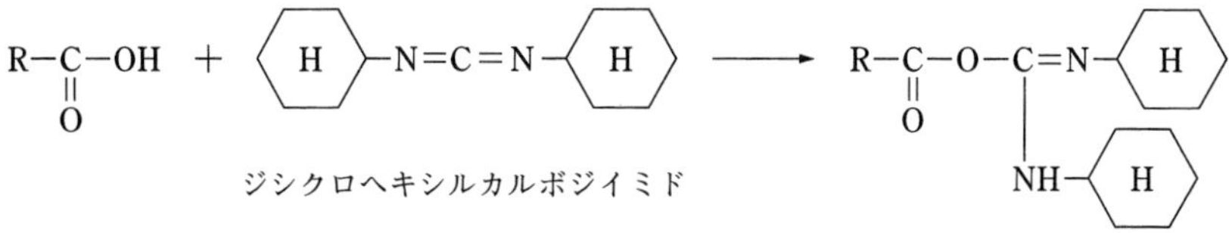

ジシクロヘキシルカルボジイミド

O-アシルイソ尿素

(3.8)

O-アシルイソ尿素は「活性エステル」と見ることができるし，構造上「混合酸無水物」にも近く，いずれにせよ活性アシル中間体として求核剤と反応する．

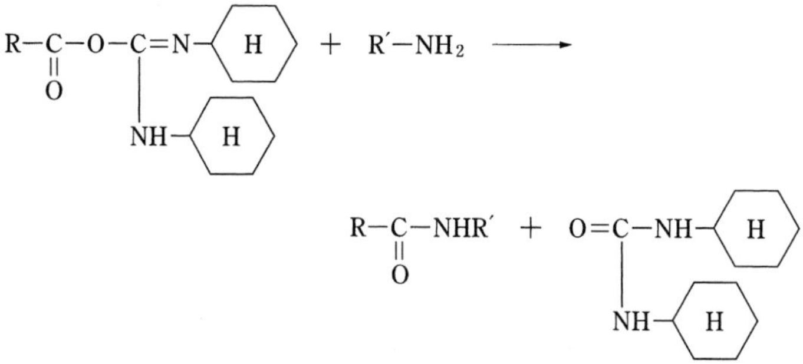

(3.9)

ペプチド合成の活性化剤のもう1つの例として亜リン酸エステルをあげておく．

$$\text{R-C-OH} + \text{Cl-P} \underset{\text{O}}{\overset{\text{O}}{\diagdown}} \longrightarrow \text{R-C-O-P} \underset{\text{O}}{\overset{\text{O}}{\diagdown}} \quad (3.10)$$

クロル亜リン酸-
o-フェニレン

生成物はカルボン酸と亜リン酸の混合酸無水物と見ることができる．ペプチド合成用活性化剤としてはまた，亜リン酸トリフェニル-イミダゾール系があるが，亜リン酸トリフェニル-ピリジン系を用いて脂肪族ジカルボン酸と芳香族ジアミンを反応させると高分子量のポリアミドが得られる．

$$\text{HOOC-R-COOH} + \text{H}_2\text{N-R}'\text{-NH}_2$$
$$\xrightarrow[\substack{N\text{-メチルピロリドン中} \\ 100\,°\text{C，数時間}}]{P(\text{OPh})_3/\text{ピリジン}} \{\text{OC-R-CO-NH-R}'\text{-NH}\}_x \quad (3.11)$$

活性アシル中間体としては，ピリジン-N-ホスホニウム塩 3-I が推定されている．

$$\text{R-COO-PH(OPh)}_2$$
（ピリジニウム $^-$OPh 構造）

3-I

3.3 いろいろな縮合重合系高分子

これまで述べてきたように，縮合重合反応によってつくられる高分子の代表はポリエステルとポリアミドであり，反応として最も簡単なのはカルボン酸とアルコールあるいはアミンとの直接の反応であるが，目的によっては「活性化カルボン酸」が用いられる．それは単に反応を速めるということだけでなく，生成物の性質にも密接に関連しているのである．

ポリエチレンテレフタレートは合成繊維用にも，また成型品用のプラスチックとしても使われる汎用性の高い高分子材料である．融点もそれほど高くない（280℃）ので，原料を加熱，溶融しながら縮合重合反応を進めていく方法が可能なのである．

しかし例えば，きわめて強度と弾性率の高い繊維として用いられる，高分子の主鎖が全部芳香族基から成るポリアミド（アラミド：aramid）では融点も500℃を越えるため，溶融重縮合を行うことができない．そこで反応性の高い酸塩化物を原料とし，低温溶液重縮合の方法によって合成反応を行うことになるのである．

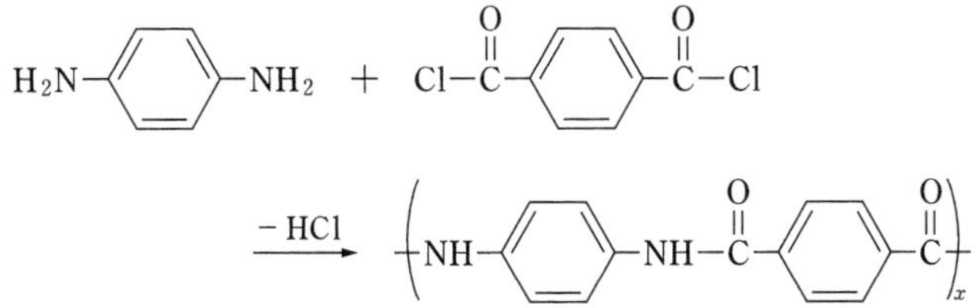

$$H_2N-C_6H_4-NH_2 + Cl-CO-C_6H_4-CO-Cl \xrightarrow{-HCl} \pm NH-C_6H_4-NH-CO-C_6H_4-CO \pm_x \quad (3.12)$$

ポリ(p-フェニレンテレフタルアミド)
商品名 Kevlar

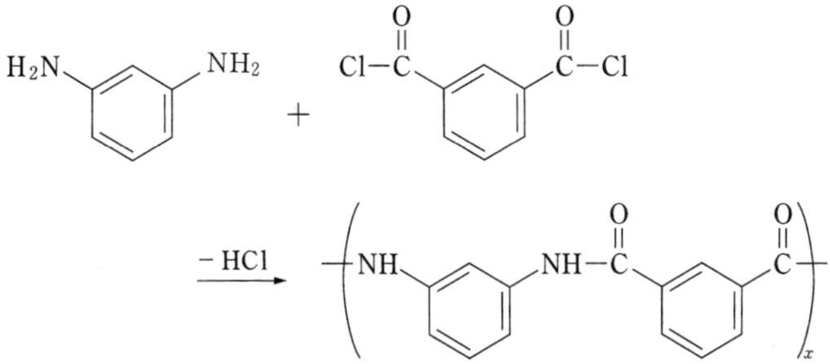

$$H_2N-C_6H_4-NH_2 + Cl-CO-C_6H_4-CO-Cl \xrightarrow{-HCl} \pm NH-C_6H_4-NH-CO-C_6H_4-CO \pm_x \quad (3.13)$$

ポリ(m-フェニレンイソフタルアミド)
商品名 Nomex

先にあげたポリイミド（耐熱性プラスチック）の合成（式 (3.4)）も類似の例である．

ここまで，縮合重合反応のことをほとんどポリエステルとポリアミドの合成にしぼって述べてきたが，実用化されている高分子材料の合成に限っても，その反応はさまざまである．材料としての特徴は，ひとつは金属にも代るといわれるすぐれた力学的性質や，さらには耐熱性を持つエンジニアリングプラスチック（エンプラ），もうひとつは高強度・高弾性の繊維である．

3.3 いろいろな縮合重合系高分子

以下は順序不同になるが，これまで出てこなかったタイプの反応という観点から例をあげる．

まず，広い意味ではポリエステルに入るものにポリカーボネートがある．その代表はビスフェノール A とホスゲンとの反応でつくられるものである．

$$\text{HO}-\phi-\underset{\underset{\text{CH}_3}{|}}{\overset{\overset{\text{CH}_3}{|}}{C}}-\phi-\text{OH} + \text{Cl}-\underset{\underset{\text{O}}{\|}}{C}-\text{Cl}$$

ビスフェノール A   ホスゲン

$$\xrightarrow{-\text{HCl}} \left(\text{O}-\phi-\underset{\underset{\text{CH}_3}{|}}{\overset{\overset{\text{CH}_3}{|}}{C}}-\phi-\text{O}-\underset{\underset{\text{O}}{\|}}{C} \right)_x \quad (3.14)$$

ポリカーボネート

ホスゲンはジカルボン酸と見なせる炭酸のジクロリド，すなわち活性アシル誘導体に他ならない．反応プロセスは界面重縮合の形をとる．10％の水酸化ナトリウム水溶液にビスフェノール A と塩化メチレンを加えて懸濁液をつくり，$20 \sim 30 \,°\text{C}$ にしてホスゲン（気体）を吹き込んで反応させる．1 官能性のフェノールなどを反応の際添加して平均重合度 $100 \sim 200$ になるよう調節する．反応生成物も懸濁液の状態になっており，ポリカーボネートは有機相に溶けているので酸を加えて塩析し，有機層と水相を分け，有機相にポリカーボネートの非溶剤を加えるなどの方法でポリマーを取り出す．

主鎖にケトン基を持つ高分子として，同時にエーテル結合をも持つポリエーテルケトンがつくられている（式 (3.15)）．反応は芳香環上の C-F 結合の求

$$\text{HO}-\phi-\text{OH} + \text{F}-\phi-\underset{\underset{\text{O}}{\|}}{C}-\phi-\text{F}$$

$$\xrightarrow[180 \sim 320\,°\text{C}]{\text{Na}_2\text{CO}_3/\text{K}_2\text{CO}_3} \left(\text{O}-\phi-\text{O}-\phi-\underset{\underset{\text{O}}{\|}}{C}-\phi \right)_x \quad (3.15)$$

ポリエーテルケトン

核置換反応である．つまりケトン基は原料の中に存在するのであり，新たに生成するのはエーテル結合である．反応の際に芳香族ケトンの結合をつくるにはフリーデル-クラフツ反応を使えばよいことになり，実際その検討も行われているが，芳香環を位置選択的にアシル化する（Ar′に関して置換される2つのHの位置を選択的にする）ことの困難さがある．

$$X-\overset{O}{\underset{\|}{C}}-Ar-\overset{O}{\underset{\|}{C}}-X + H-Ar'-H$$

X：ハロゲン

$$\xrightarrow{\text{ルイス酸触媒}} \left(\overset{O}{\underset{\|}{C}}-Ar-\overset{O}{\underset{\|}{C}}-Ar'\right)_x \quad (3.16)$$

類似の反応にポリスルホンの合成がある．

$$NaO-\bigcirc-\underset{\underset{CH_3}{|}}{\overset{\overset{CH_3}{|}}{C}}-\bigcirc-ONa + Cl-\bigcirc-SO_2-\bigcirc-Cl$$

$$\xrightarrow{-NaCl} \left(O-\bigcirc-\underset{\underset{CH_3}{|}}{\overset{\overset{CH_3}{|}}{C}}-\bigcirc-O-\bigcirc-SO_2-\bigcirc\right)_x$$

ポリスルホン

(3.17)

これも，反応のときにスルホン基ができるわけではない．式 (3.16) と類似の Ar−SO₂Cl + Ar′H 型の反応も検討されている．

主鎖が芳香族チオエーテルのポリフェニレンスルフィドは式 (3.15) と類似の反応によってつくられている．

$$Cl-\bigcirc-Cl + Na_2S \longrightarrow \left(\bigcirc-S\right)_x + NaCl \quad (3.18)$$

ポリフェニレンスルフィド

一方，主鎖が芳香族エーテル結合のみから成るポリフェニレンオキシドは，上記とは全く異なる機構の反応によって合成される．

3.3 いろいろな縮合重合系高分子

$$\text{HO-C}_6\text{H}_2(\text{CH}_3)_2\text{-H} + \frac{1}{2}\text{O}_2 \xrightarrow[\text{アミン}]{\text{銅塩}} \text{-}(\text{O-C}_6\text{H}_2(\text{CH}_3)_2)_x\text{-} + \text{H}_2\text{O} \quad (3.19)$$

ポリフェニレンオキシド

ここでフェノールは脱水素(酸化)を受けて縮合した形になっている．機構の詳しいことはここでは割愛する．式 (3.14) から (3.19) にあげた高分子はいずれもエンジニアリングプラスチックとして用いられている．

ここまで述べてきた縮合重合反応のほとんどは，有機化学反応としては知られた反応の応用であるといえる．そのためもあって，多くの反応は炭素とそれ以外の元素(ヘテロ元素)との結合をつくるものであった．炭素-炭素結合を主鎖に持つ高分子の合成については次章に述べる付加重合が主役を演じる．しかしもちろん，縮合重合反応で炭素-炭素結合をつくる例がないわけではない．とくに近年，有機金属化学の著しい進歩にともない，遷移金属化合物を試剤として用いる炭素-炭素結合生成の新しい方法が見出され，これが高分子の合成にも応用されている．一例をあげる．

$$\text{Br-C}_6\text{H}_2\text{R}_2\text{-Br} + \text{CH}_2=\text{CH-C}_6\text{H}_2\text{R}_2\text{-CH}=\text{CH}_2 \xrightarrow[-\text{HBr}]{[\text{Pd}]} \text{-}(\text{C}_6\text{H}_2\text{R}_2\text{-CH}=\text{CH})_x\text{-} \quad (3.20)$$

また，全く炭素を含まない主鎖から成る高分子で，安定で実用されているものに，ケイ素-酸素結合から成るポリシロキサンがある(式 (3.21))．

column 棄てられてきた高分子

　有機化合物の合成反応では，反応の後 混合物から溶媒を蒸発させて除き，残ったものが固体であれば再結晶に，液体であれば蒸留にかけて目的とする生成物を純粋にして取り出す．厄介なのは残ったものがどろどろ，ねばねばしたもののときで，再結晶しようとしても油状に相分離してしまうし，蒸留しようとしても沸点が高くて出てこない．この厄介者は「樹脂」(Harz) として棄てられてしまう．だがこれが高分子化学の対象なのだ．

　これは Si—O 結合から成るシリコーン (silicone) についても例外でなかった．有機ケイ素化合物の草分けであるイギリスのキッピング (Kipping) は，ケイ素-銅合金と塩化メチルの反応でできる $(CH_3)_2SiCl_2$, $(CH_3)_3SiCl$, $(CH_3)SiCl_3$ の反応を調べていた．Si—Cl 結合は容易に加水分解して Si—OH となり，さらに脱水縮合して Si—O—Si 結合になる．Si—Cl 結合が複数あると生成物は複雑になる．キッピングはこれを棄ててしまった．後に役に立とうとは知る由もなかった．

$$\text{Cl}-\underset{\underset{\text{CH}_3}{|}}{\overset{\overset{\text{CH}_3}{|}}{\text{Si}}}-\text{Cl} \xrightarrow{\text{H}_2\text{O}} \left[\text{HO}-\underset{\underset{\text{CH}_3}{|}}{\overset{\overset{\text{CH}_3}{|}}{\text{Si}}}-\text{OH}\right] \xrightarrow{-\text{H}_2\text{O}} \left(\underset{\underset{\text{CH}_3}{|}}{\overset{\overset{\text{CH}_3}{|}}{\text{Si}}}-\text{O}\right)_x \quad (3.21)$$

ポリシロキサン

この反応では6員環や8員環の生成物（シクロシロキサン）もできる．これらの開環重合（第8章）によってポリマーをつくることもできる．ポリジメチルシロキサンは「シリコーン」と呼ばれ，撥水性に富むなどの特徴を生かした用途がある．

　主鎖がケイ素のみから成るポリマー，ポリシランもつくれる．

$$\text{Cl}-\underset{\underset{\text{R}}{|}}{\overset{\overset{\text{R}}{|}}{\text{Si}}}-\text{Cl} + 2\,\text{Na} \longrightarrow \left(\underset{\underset{\text{R}}{|}}{\overset{\overset{\text{R}}{|}}{\text{Si}}}\right)_x + \text{NaCl} \quad (3.22)$$

$R = CH_3, C_6H_5$　　ポリシラン

3.4 重付加

1.3節で重縮合（縮合重合）とならんで重付加（式(1.9)）が重要な反応のタイプであることを述べながら，ここまで重付加（polyaddition）のことを考えてこなかった．それには2つの理由がある．第1に，反応の様式からわかるように，その基本的な特徴は縮合重合と同じである，ということである．重合度の高い生成物を得るには付加反応に関与する官能基のモル数が等しいことが必要であり，またできるだけ反応度（反応率）を高めることが必要である．生成物の重合度の分布も縮合重合の場合と同様である．その意味で新たに議論することはない．

第2に，重付加反応によって生産されている高分子の例が少なく，実際にはジイソシアナートへのジオールの付加（式(1.9)）によるポリウレタンの生成に限られていることである．そのほかでは，ジアミンの付加により生成するポリ尿素（ポリウレア）がある．

$$O=C=N-\bigcirc-N=C=O \ + \ H_2N-\bullet-NH_2$$
ジイソシアナート　　　　　　ジアミン

$$\longrightarrow \left[\begin{array}{c}C-N-\bigcirc-N-C-N-\bullet-N\\ \|\ \ |\ \ \ \ \ \ \ \ |\ \ \|\ \ |\ \ \ \ \ \ \ \ |\\ O\ H\ \ \ \ \ \ \ \ \ H\ O\ H\ \ \ \ \ \ \ \ H\end{array}\right]_x \quad (3.23)$$
ポリ尿素

これらの反応においては，イソシアナート基の高い反応性に由来する副反応の可能性がある．ここではそのことに言及しておこう．例えば高温での反応などの場合には，すでに生成した高分子のウレタン結合や尿素結合のNがイソシアナート基に対し求核的に付加する．

$$R-N-C-O-R' \ + \ O=C=N-R'' \longrightarrow R-N-C-O-R' \quad (3.24)$$
　　イソシアナート　　　　　アロファナート結合

いまジイソシアナートを使っているので，この反応の結果高分子鎖の間に結合

（橋かけ，架橋）ができることになる．これはもちろん生成物の性質に影響を及ぼしてくる．

　もう1つ，イソシアナートは水と反応すると二酸化炭素を発生してアミンを生成する．

$$\text{R-N=C=O} + \text{H}_2\text{O} \longrightarrow \left[\begin{array}{c} \text{R-N-C-OH} \\ | \; \| \\ \text{H} \; \text{O} \end{array} \right] \longrightarrow \text{R-NH}_2 + \text{CO}_2 \quad (3.25)$$
　　イソシアナート

したがって本来はポリウレタン合成の反応系に水が存在しては困るということになるのであるが，これを積極的に利用すると反応の際二酸化炭素の気体が泡をつくり，生成物は多孔質のポリウレタンフォーム（foam）になる．これが弾性材料として使われるのである．式(3.25)ではアミン（ジアミン）が生成しこれがイソシアナート基と反応するから（式(3.23)），こうしてつくったポリウレタンにはいろいろな結合が存在する．

　付加反応の機構は求核付加だけではない．次章に述べるように二重結合へのラジカルの付加はよく知られた反応である．この機構で重付加反応が起こる場合がある．

$$\text{CH}_2=\text{CH}-\!\!\bigcirc\!\!-\text{CH}=\text{CH}_2 + \text{HS}-\!\!\bigcirc\!\!-\text{SH}$$

$$\xrightarrow{\text{過酸化物少量}} \left(\text{CH}_2-\text{CH}_2-\!\!\bigcirc\!\!-\text{CH}_2-\text{CH}_2-\text{S}-\!\!\bigcirc\!\!-\text{S} \right)_x$$
$$(3.26)$$

反応は例えば次のように進む．

$$\bigcirc\!\!-\overset{\text{O}}{\underset{}{\text{C}}}-\text{O}-\overset{\text{O}}{\underset{}{\text{C}}}-\!\!\bigcirc \longrightarrow 2 \; \bigcirc\!\!-\overset{\text{O}}{\underset{}{\text{C}}}-\text{O}\cdot$$
　　過酸化ベンゾイル　　　　　　　　　　　　　　（R・）

$$\text{R}\cdot + \text{HS}-\!\!\bigcirc\!\!-\text{SH} \longrightarrow \text{RH} + \cdot\text{S}-\!\!\bigcirc\!\!-\text{SH} \quad (3.27)$$

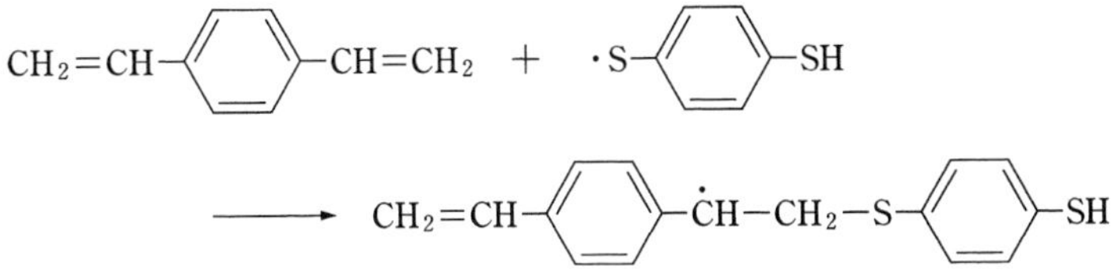

$$CH_2=CH-\underset{}{\bigcirc}-CH=CH_2 \;+\; \cdot S-\underset{}{\bigcirc}-SH$$

$$\longrightarrow\; CH_2=CH-\underset{}{\bigcirc}-\overset{\cdot}{C}H-CH_2-S-\underset{}{\bigcirc}-SH \quad (3.28)$$

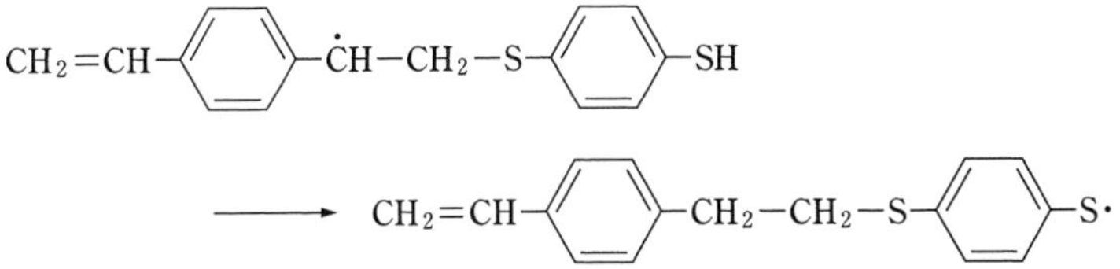

$$CH_2=CH-\underset{}{\bigcirc}-\overset{\cdot}{C}H-CH_2-S-\underset{}{\bigcirc}-SH$$

$$\longrightarrow\; CH_2=CH-\underset{}{\bigcirc}-CH_2-CH_2-S-\underset{}{\bigcirc}-S\cdot \quad (3.29)$$

ここに生成した S・ラジカルは式 (3.28) と同様にさらに二重結合に付加する．この反応はいったんラジカル R・が生成すると連続して進む連鎖反応である．

炭素-炭素二重結合同士が互いに付加することはない，と述べたが，両側に芳香族置換基をもつアルケンなどは，光により励起された状態では互いに付加して4員環をつくる．そこでこのような基を1分子内に2個持つ化合物から高分子の生成する反応が知られている．

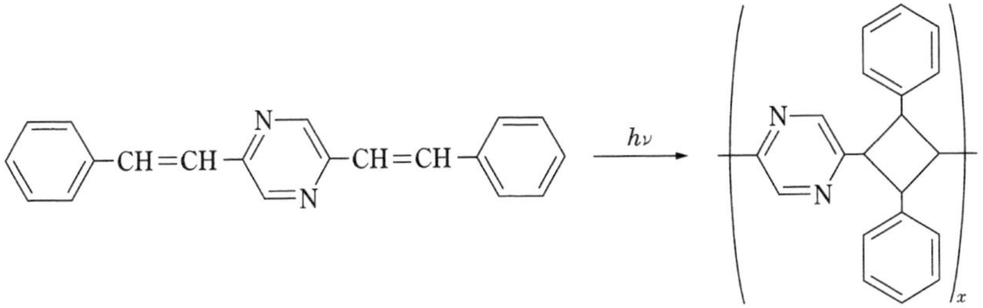

$$(3.30)$$

第4章 付加重合Ⅰ：ラジカル重合の基本的概念

ポリエチレンはエチレンが互いに付加してできた形の構造を持つ高分子であるが，エチレン同士がそれだけで互いに付加するわけではない．エチレンやその誘導体の付加重合には，開始剤が必要である．開始剤の代表的なタイプの1つは，加熱などによって分解して反応性の高いフリーラジカルを与える化合物である．このフリーラジカルがどんな反応を起こしてポリマーを与えるのかを考える．

4.1 付加重合とはどんな反応か

エチレンに置換基の付いた化合物は多種多様で，それらの多くが付加重合反応を起こす．原料の不飽和化合物を単量体（モノマー：monomer），生成物の高分子を重合体（ポリマー：polymer）と呼ぶ．このポリマーという言葉はしばしば高分子という言葉と同義に使われる．高分子の本来の意味は巨大分子であり構造と関係がないが，実在する高分子は同一の，あるいは類似の構造の単位が繰り返し多数つながった構造を持っているから，その構造単位に相当する原料が互いに多数結合する反応によって生成したと見ることができる．というより，実際そのような反応によって合成できる．その構造単位に相当する原料がモノマーで，生成物がポリマーというわけである．縮合重合反応では，例えば原料のカルボキシ基とヒドロキシ基から水が失われるので生成高分子の組成は原料と一致しない．それでも生成物を「ポリマー」と呼ぶのは普通のことであり，原料を「モノマー」と呼ぶのも一般的である．

付加重合でつくる高分子には，プラスチックとして用いられるものが多い．

4.1 付加重合とはどんな反応か

$$\text{CH}_2=\underset{Y}{\overset{X}{\underset{|}{\overset{|}{C}}}} \longrightarrow \left(\text{CH}_2-\underset{Y}{\overset{X}{\underset{|}{\overset{|}{C}}}}\right)_x \tag{4.1}$$

モノマー　　　　ポリマー

プラスチックとして用いられる高分子の代表はポリエチレン，ポリ塩化ビニル（式 (4.1)，$X=H$，$Y=Cl$），ポリスチレン（$X=H$，$Y=C_6H_5$），ポリプロピレン（$X=H$，$Y=CH_3$）である．その他，接着剤として用いられ，合成繊維ビニロンの原料ともなるポリ酢酸ビニル（$X=H$，$Y=OCOCH_3$），空気を通さないフィルムとして特徴のあるポリ塩化ビニリデン（$X=Y=Cl$），透明で有機ガラスとも呼ばれるポリメタクリル酸メチル（$X=CH_3$，$Y=COOCH_3$）がある．これらは加熱すると溶融し，型に入れて冷却して望みの形の成型品にする，熱可塑性プラスチックである．一方，アクリロニトリル（$X=H$，$Y=CN$）は3大合成繊維の1つ，アクリル系繊維の主原料である．ちなみに，ほかの2つは縮合系のポリエステルとポリアミドである．

ここで，付加重合反応の実際のイメージを，縮合重合反応の場合と比べておくのがよいだろう．縮合重合反応の代表的な方法は原料の混合物を加熱することであった．反応終了後，系の全体が高分子生成物そのものであった．もちろんそれはいろいろな重合度の分子の混合物である．

いま，スチレン（液体）の付加重合を実験室的に行う場合を考える．反応系の取扱いを便利にするために溶媒，例えばトルエンを使う．付加重合の開始剤として少量の過酸化ベンゾイル $(C_6H_5CO_2)_2$ を加え，60℃程度に加熱する．モノマーの濃度にもよるが，反応溶液はだんだん粘くなり，ポリマーの生成がわかる．数時間経ったところでこの反応混合物をメタノールの中に少しずつ注いでいくと，白い沈殿が生じるので，沪過して分け取る．これがポリスチレンである．乾燥して重さを測り，分子量とその分布をGPCにかけて見る．平均分子量数万程度のポリマーができており，分布はある広がりを持っていることがわかる．興味深いことに，こうして取り出したポリマーの中には重合度の低い部分は含まれていない．ではそれらは，沪液の方に入っているのだろうか．調べて

みるとそうではなく，沪液には未反応のモノマーがあるだけである．つまり，縮合重合の場合と違って，付加重合の生成物はある程度分子量の大きいポリマーだけであり，重合度が2，3，4，……といった分子が連続的に存在するわけではない．今度は反応時間を変えてみる．もちろん生成するポリマーの収量は時間とともに増える．しかし，不思議なことに，どの反応時間（あるいは反応率）においても，生成したポリマーの平均分子量にはほぼ変化がないのである．縮合重合反応では生成高分子の平均分子量（重合度）は反応率とともに増大したのに！　この付加重合での奇妙な現象はどのように説明できるのだろうか．

　まず，反応の速さの問題がある．スチレンの重合は結果であるポリマーの構造から見て，各構造単位が順につながっていくことによって起こると考えられるが，それがわれわれが観測できる時間のスケールに対して非常に速い場合は，時間とともに重合度が増大するという事実を観測することはできない．実際，後に述べることであるが，付加重合反応でも時間（反応率）とともに重合度が増大することが観測できる場合はある．

　では，上述のスチレンの重合の場合に，平均重合度のほぼ変らないポリマーの収量が時間とともに増えてくる，という事実はどう説明するか．ここで連鎖反応 (chain reaction) の考えを導入する．連鎖反応の代表的な例として，H_2 と Cl_2 の混合気体に光を照射すると HCl が生成する反応がある．まず光によって Cl_2 が解離して反応性の高い $Cl\cdot$（ラジカル，フリーラジカル：free radical）が生成し，それが発端となって反応が進む．

$$Cl_2 \xrightarrow{光} 2\,Cl\cdot \qquad (4.2)$$

$$Cl\cdot + H_2 \longrightarrow HCl + H\cdot \qquad (4.3)$$

$$H\cdot + Cl_2 \longrightarrow HCl + Cl\cdot \qquad (4.4)$$

$H\cdot$ も反応性が高いので，式 (4.3)，(4.4) の反応は自動的に継続して，すなわち連鎖的に進む．光の照射は最初の $Cl\cdot$ の生成にのみ必要である．もっとも，ラジカル同士が反応すると反応は止まる．

$$2\mathrm{H}\cdot \longrightarrow \mathrm{H_2} \qquad (4.5)$$

$$2\mathrm{Cl}\cdot \longrightarrow \mathrm{Cl_2} \qquad (4.6)$$

$$\mathrm{H}\cdot + \mathrm{Cl}\cdot \longrightarrow \mathrm{HCl} \qquad (4.7)$$

連鎖反応において，式 (4.2) を開始反応 (initiation)，式 (4.3)，(4.4) を成長反応 (propagation)，式 (4.5)〜(4.7) を停止反応 (termination) と呼ぶ．$\mathrm{Cl}\cdot$ の量（したがって $\mathrm{H}\cdot$ の量）は $\mathrm{H_2}$, $\mathrm{Cl_2}$ に比しわずかであるので，いったん開始が起こると成長反応は長く続くことになる．この「長さ」は繰り返し起こる反応の数のことであり，反応自体は非常に速い．そして成長反応の起こりやすさと，たまに起こる停止反応の起こりやすさのかね合いで，成長反応の繰り返しの数（反応の連鎖の長さ）が決まるのである．

4.2　付加重合の素反応

これと同じ原理のことが上述のスチレンの場合にも起こっている，と考えると，生成ポリマーの平均重合度と反応率との間に見られる一見奇妙な関係が説明できるのではないか．まず過酸化ベンゾイルが分解してフリーラジカルをつくる．このことは，ほかの有機化学反応に対する過酸化物類の効果からも推論されてきたことである．

$$\mathrm{Ph\text{-}C(=O)\text{-}O\text{-}O\text{-}C(=O)\text{-}Ph} \xrightarrow{k_d} 2\,\mathrm{Ph\text{-}C(=O)\text{-}O}\cdot \qquad (4.8)$$

過酸化ベンゾイル

このラジカル（以下 $\mathrm{R}\cdot$ と書くことにする）がモノマーの不飽和結合に付加する．

$$\mathrm{R}\cdot + \mathrm{CH_2}{=}\underset{\mathrm{X}}{\mathrm{CH}} \xrightarrow{k_i} \mathrm{R}{-}\mathrm{CH_2}{-}\underset{\mathrm{X}}{\mathrm{CH}}\cdot \qquad (4.9)$$

$$\mathrm{X} = \mathrm{C_6H_5}$$

この生成物もラジカルであるからモノマーの不飽和結合に付加し，以下ラジカルと多量に存在するモノマーとの反応を繰り返す．

$$\text{R}-\text{CH}_2-\underset{\text{X}}{\text{CH}}\cdot\ +\ \text{CH}_2=\underset{\text{X}}{\text{CH}}\ \xrightarrow{k_\text{p}}\ \text{R}-\text{CH}_2-\underset{\text{X}}{\text{CH}}-\text{CH}_2-\underset{\text{X}}{\text{CH}}\cdot \qquad (4.10)$$

ラジカル同士の反応が起これば反応は停止する．例えば

$$\text{R}\!\left(\!\text{CH}_2-\underset{\text{X}}{\text{CH}}\!\right)_{\!x-1}\!\!\text{CH}_2-\underset{\text{X}}{\text{CH}}\cdot\ +\ \text{R}\!\left(\!\text{CH}_2-\underset{\text{X}}{\text{CH}}\!\right)_{\!y-1}\!\!\text{CH}_2-\underset{\text{X}}{\text{CH}}\cdot$$

$$\xrightarrow{k_\text{t}}\ \text{R}\!\left(\!\text{CH}_2-\underset{\text{X}}{\text{CH}}\!\right)_{\!x}\!\!\left(\!\underset{\text{X}}{\text{CH}}-\text{CH}_2\!\right)_{\!y}\!\!\text{R} \qquad (4.11)$$

式 (4.9)（あるいはより遅い反応である式 (4.8)）を開始反応，式 (4.10) を成長反応，式 (4.11) を停止反応とする連鎖反応と考える，というわけである．反応連鎖の長さは式 (4.10) の速度と式 (4.11) の速度のかね合いで決まるが，ラジカルの量は少ないので反応連鎖は十分に長い．この反応では反応連鎖が 1 個伸びるごとに新たにモノマー単位間の結合が生成するので，反応連鎖の長さとポリマーの重合度とが対応する．

　成長反応の個々の段階と停止反応は非常に速いので，いったん開始反応が起こるときわめて短い時間のうちに重合度の高いポリマーが生成し，かつ成長反応が停止する．開始剤の分解は式 (4.8) から (4.10) のうちで最も遅い反応であるので，反応系の中では，開始剤がゆっくり分解して生成したラジカルが，急速に成長の繰り返しに続く停止を起こす，という一連の反応が繰り返し起こっていることになる．したがって系中に観測できるポリマーは（たとえ取り出さなくても），すでに「死んだ」成長できない分子なのである．それらの重合度は，少なくともモノマーやラジカルの濃度が大幅に変らない範囲では，成長反応対停止反応の速度比で決まるので，重合反応を通じてほぼ変らない，ということになる．なお，このような特徴はラジカルの関与する反応にとくに顕著なものであり，この種の反応がとくに古い歴史を持つことから付加重合全般の特徴のように捉えられてきた感があるが，それは後に見るように必ずしもそうではないことに注意しておきたい．

4.3 反応の速度

このように付加重合反応では，モノマー同士が直接反応してその間に結合ができるのではなく，開始剤から生じた反応性の高い活性種 —— 上の場合フリーラジカル —— がモノマーの不飽和結合への付加を繰り返すことによってポリマーが生成するのである．ラジカルが反応活性種となる付加重合を機構上ラジカル重合と呼んでいる．ラジカル重合はすでに述べたように式 (4.8)～(4.11) のような複数の素反応から成っていると考えるのだが，この考え（仮定）はいろいろな実験事実と対応することから妥当なものである．最も中心的な課題はフリーラジカルの存在が実証できるかということであるが，反応性が非常に高いということは寿命が短いことをも意味し，その直接的な観測は特殊な条件下を除いては不可能と考えられてきた．それにもかかわらず，ラジカルの関与する一連の反応式 (4.8)～(4.11) の仮定が大きい成功を収めてきた．

実験的に測定の可能な事柄としては，まず重合反応の速度がある．この反応では高重合度のポリマーのみが生成し，低い重合度の生成物はできないのであるから，先に述べた方法で取り出したポリマーの収量を測り反応時間との関係を調べるのが最も簡便である．

ここで1つの重要な仮定を置く．それは，成長ポリマー末端のラジカルの反応性は重合度によらず一定と考えることである．これは，同様のことを縮合重合のところでも論じたように，まず妥当と考えてよいだろう．そうすると重合の反応速度（すなわちモノマーの消費速度）は式 (4.10) から

$$R_p = k_p[\text{M·}][\text{M}] \tag{4.12}$$

と書ける．ここで [M] はモノマーの濃度，[M·] は成長ポリマーラジカルの全濃度である．なお，モノマーの消費は式 (4.9) によっても起こるが，重合度の高いポリマーが生成する場合は繰り返し起こる式 (4.10) に対して (4.9) はわずかな寄与しかしないので，これを無視してある．

ここで M· の寿命が短いので [M·] を実測することはできないが，開始剤が分解してラジカルが生成すると速やかな成長反応の繰り返しに続く停止反応が

起こると考えられるから（反応中どの反応率でもほぼ同じ平均重合度のポリマーができる），[M・] は重合反応を通じて一定であると考えてもよさそうである（ラジカル濃度に関する定常状態の仮定）．この状態ではラジカルの生成（式 (4.8)）の速度と消滅（式 (4.11)）の速度が等しいから，

$$2\,fk_\mathrm{d}[\mathrm{I}] = 2\,k_\mathrm{t}[\mathrm{M}\cdot]^2 \tag{4.13}$$

となる．ここで [I] は開始剤の濃度，f は分解してできたラジカルが実際に反応の開始に働く効率を表す．両辺に係数2がついているのは，1分子の開始剤から2個のラジカルが生成し，1回停止反応が起こると同時に2個のラジカルが消滅することを示す．

式 (4.13) から [M・] を [I] で表し，これを式 (4.12) に入れると

$$R_\mathrm{p} = k_\mathrm{p}\Big(f\frac{k_\mathrm{d}}{k_\mathrm{t}}\Big)^{1/2}[\mathrm{I}]^{1/2}[\mathrm{M}] \tag{4.14}$$

となる．重合反応速度が開始剤濃度の1/2乗とモノマー濃度に比例することは，多くの例について認められている（**図 4.1, 4.2**）．これは上述の定常状態の仮

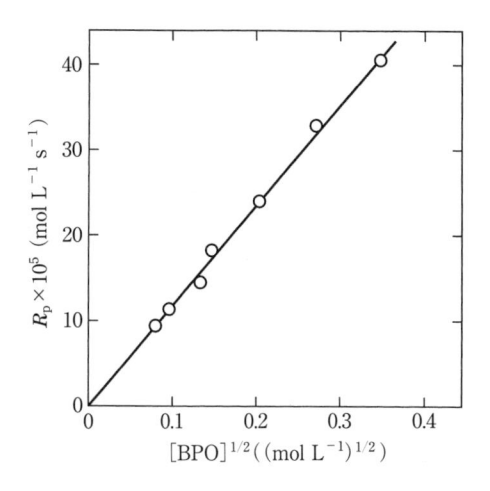

図 4.1　過酸化ベンゾイル（BPO）によるメタクリル酸メチルの重合（65℃）

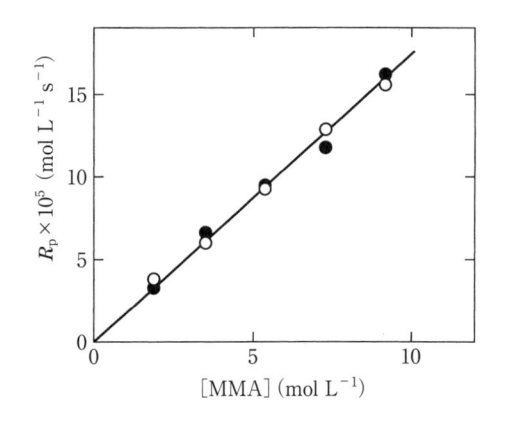

図 4.2 過酸化ベンゾイルによるメタクリル酸メチル（MMA）の重合（50℃）．ベンゼンを溶媒に使用．白丸と黒丸は異なる研究者による結果．

定が妥当であることを示す．

4.4 ポリマーの重合度

　生成ポリマーの重合度について考察するには，これまで述べた重合反応の素反応以外の反応，いわば副反応について述べておかなければならない．これらはフリーラジカルの反応性が高いというまさにそのことによって起こる．
　まず停止反応 (4.11) についてである．この反応が起こると，生成ポリマーの平均重合度は成長反応連鎖の長さの 2 倍になるはずである．ところが実際には必ずしもそうではない．このことは別のことから明らかになった．それは，同じく式 (4.11) の反応によれば，ポリマーの両末端には開始剤からの断片 R が付くはずだ，ということである．そうであれば第 1 章のはじめのポリエチレンの式に書いていなかった末端の構造もわかってくることになる．しかし事柄はそれほど単純でないことがわかった．放射性同位元素でラベルした開始剤を用いて得たポリマーの分析の結果，確かにポリマーの両末端に開始剤からの断片が付いている場合もあるが，そうではなく片末端にしか開始剤からの断片がない場合もあることがわかった．式 (4.11) の反応はラジカルの再結合（recom-

bination) であるが，それ以外に式 (4.15) の不均化 (disproportionation) も起こり得るのである．

$$R\text{-}(CH_2\text{-}CH\underset{X}{|})_{x-1}CH_2\text{-}\underset{X}{\overset{|}{C}H}\cdot + R\text{-}(CH_2\text{-}CH\underset{X}{|})_{y-1}CH_2\text{-}\underset{X}{\overset{|}{C}H}\cdot$$

$$\xrightarrow{k_t} R\text{-}(CH_2\text{-}CH\underset{X}{|})_{x-1}CH_2\text{-}CH_2 + R\text{-}(CH_2\text{-}CH\underset{X}{|})_{y-1}CH=CH \underset{X}{|} \quad (4.15)$$

この場合は成長反応連鎖長と重合度は一致する．

　式 (4.15) は左側の分子のラジカルによる右側の分子の末端から2つ目 (β 位) のC-H結合の置換反応である．一般的には，ラジカルがC-HのHを引き抜いた，と表現する．これでラジカルの反応のタイプが出そろった．ラジカルの付加 (式 (4.9)，(4.10))，ラジカルの再結合 (式 (4.11))，そしてラジカルによる置換反応 (式 (4.15)) である．ラジカルによる置換反応はそれを受けやすいタイプの結合にとってはC-Hに限らず一般的であるので，ラジカル重合においてもしばしば起こる，重要な副反応となる．

4.5 連鎖移動反応

　この章のはじめに例としてあげた，スチレンの重合反応系を考えてみよう．モノマーのスチレンには重合反応に直接かかわるC=CのほかにいくつかのC-H結合がある．生成したポリマーにはC=CはないがC-Hはある．溶媒として用いているトルエンにもいくつかのC-H結合がある．開始剤の量は少ないが，やはり種々の結合を含んでいる．これらの結合に対してラジカルが置換反応を起こすことはないのだろうか，というのが一般的な問いとなる．答えは，あり得る，というものである．ただし，その起こりやすさは結合の種類によって大幅に異なる．

　ラジカルによる置換反応の寄与がかなり大きい場合の例をあげよう．それは上述のスチレンの重合を，溶媒としてトルエンの代りに四塩化炭素を用いて行った場合である．反応，つまりスチレンモノマーの消費は溶媒がトルエンの

4.5 連鎖移動反応

場合と同じ速さで進む．ところが生成物は重合度が1桁ないし10程度の「ポリマー」である．これではポリマーとはいえそうもない．一般に重合度の高くないポリマーを指す語にオリゴマー (oligomer) があるが，いま述べている反応でできる「ポリマー」は末端の構造がはっきりしていて (4-I)，テロマー (telomer) と呼ばれる．

$$CCl_3\!-\!\!\left(\!CH_2\!-\!CH\!\right)_{\!x}\!\!-\!Cl \quad (C_6H_5 \text{ ring}) \qquad x = 1 \sim 10$$

4-I

このような重合度の低い生成物ができるのは，溶媒である四塩化炭素のC−Cl結合がラジカルによる置換反応を受けやすいからである．反応は開始剤が分解してできたラジカルがモノマーに付加することからはじまる（式 (4.9)）．これがさらにモノマーに付加すれば成長反応（式 (4.10)）となるのだが，それと競合してラジカルと四塩化炭素との反応が起こる．

$$R-CH_2-\underset{X}{CH}\cdot \; + \; CCl_4 \;\;\longrightarrow\;\; R-CH_2-\underset{X}{CH}-Cl \; + \; Cl_3C\cdot \qquad (4.16)$$

$$X = C_6H_5$$

この反応は成長反応がいくつか繰り返されてできた成長ポリマーラジカルについても起こる．

　ここで重要なのは，この反応で生成した$Cl_3C\cdot$ラジカルが再び重合反応を開始できるということである．

$$Cl_3C\cdot \; + \; CH_2\!=\!\underset{X}{CH} \;\;\longrightarrow\;\; Cl_3C-CH_2-\underset{X}{CH}\cdot \qquad (4.17)$$

したがって生成物であるテロマーの重合度は，ラジカルがC=Cと反応するか（成長），それともC−Clと反応するかのかね合いによって決まる．式 (4.16) から (4.17) のような反応を連鎖移動反応 (chain transfer) と呼ぶ．式 (4.16)

のR・で開始された反応の連鎖が，式(4.17)でCl$_3$C・で開始される反応の連鎖へとその場所を移動させるからである．溶媒がトルエンであっても連鎖移動反応が全く起こらないというわけではないが，その寄与は小さく，高重合度のポリマーが生成する．

そういうわけで，反応連鎖の長さ，あるいは重合度は，成長反応の速度と停止反応および連鎖移動反応の速度のかね合いで決まるのである．もし連鎖移動反応が起こらないとすると，反応連鎖の長さは成長反応速度と停止反応速度の比νで表せる．

$$\nu = \frac{k_p[\mathrm{M}\cdot][\mathrm{M}]}{2k_t[\mathrm{M}\cdot]^2} \tag{4.18}$$

これに定常状態の仮定，式(4.13)を入れると，

$$\nu = \frac{\{k_p/2(fk_dk_t)^{1/2}\}[\mathrm{M}]}{[\mathrm{I}]^{1/2}} \tag{4.19}$$

となる．ポリマーの数平均重合度$\bar{x}_n$は，停止反応が再結合(式(4.11))のときは2νとなり，不均化(式(4.15))のときはνに等しい．いずれにせよ連鎖移動反応が起こらなければ，重合度はモノマー濃度に比例し，開始剤濃度の1/2乗に反比例することになる．重合度の高いポリマーを得るのには開始剤の量が少ない方がよいことは容易に理解できるだろう．

連鎖移動反応は反応系に存在する種々の結合に対して起こり得るが，量的に多い溶媒に対するものの寄与が大きいだろう．連鎖移動反応を一般に

$$\mathrm{R}\!-\!\!\left(\!\mathrm{CH_2\!-\!\underset{X}{CH}}\!\right)_{\!x-1}\!\!\mathrm{CH_2\!-\!\underset{X}{CH}\cdot} + \mathrm{A\!-\!B}$$

$$\xrightarrow{k_{tr}} \mathrm{R}\!-\!\!\left(\!\mathrm{CH_2\!-\!\underset{X}{CH}}\!\right)_{\!x}\!\!\mathrm{A} + \mathrm{B}\cdot \tag{4.20}$$

のように表すと，生成ポリマーの重合度は，連鎖移動反応は停止反応がすべて再結合で起こる場合には

$$\bar{x}_n = \frac{k_p[\mathrm{M}\cdot][\mathrm{M}]}{2k_t[\mathrm{M}\cdot]^2 + k_{tr}[\mathrm{M}\cdot][\mathrm{AB}]} \tag{4.21}$$

となる．これを式 (4.22) のような形で表すと，連鎖移動反応が起こる場合の重合度 $\bar{x}_n$ の逆数と起こらない場合の重合度 $\bar{x}_{n,0}$ の逆数の間に直線関係があることになる．

$$\frac{1}{\bar{x}_n} = \frac{1}{\bar{x}_{n,0}} + \frac{k_{tr}}{k_p}\frac{[\mathrm{AB}]}{[\mathrm{M}]} \tag{4.22}$$

実験的には [AB] と [M] の比を変えて生成ポリマーの $\bar{x}_n$ を測定すると，上式の直線の傾きから k_{tr}/k_p が求まる．これは連鎖移動反応が成長反応に比べてどの程度起こりやすいかを示す値であり，連鎖移動定数と呼ぶ．**表 4.1** にその例を示す．

スチレンがモノマーの場合，トルエンではこの比は $1/10^5$ 程度であるが，四塩化炭素の場合は $1/10^2$ と 1000 倍も連鎖移動が起こりやすい．この表で注目されるのはメルカプタン（チオール）の連鎖移動定数が格段に大きいことである．これはチオールの S−H 結合の H がラジカルによって非常に引き抜かれやすいことを示す（式 (3.27) 参照）．こうなるとむしろ溶媒というより，モノマーよりも少量でも生成ポリマーの重合度を低下させる存在といえる．このような連鎖移動剤は実際にポリマーの重合度を調節する目的で使われるのである．

モノマーへの連鎖移動，というと奇妙に感じるかも知れないが，要するにラジカルが二重結合以外のところと反応する，ということである．ここでは顕著

表 4.1 連鎖移動定数

溶媒 \ モノマー	スチレン (60℃)	メタクリル酸メチル (80℃)
ベンゼン	0.8×10^{-5}	0.75×10^{-5}
シクロヘキサン	0.24×10^{-5}	1.00×10^{-5}
トルエン	1.25×10^{-5}	5.25×10^{-5}
エチルベンゼン	6.7×10^{-5}	13.5×10^{-5}
イソプロピルベンゼン	8.2×10^{-5}	19.0×10^{-5}
四塩化炭素	9.2×10^{-3}	23.9×10^{-5}
ドデシルメルカプタン	19	—

な例を1つだけあげておこう．それはプロピレンの場合である．プロピレンはメチル置換基を持つエチレンである．エチレンはラジカル機構によって付加重合し，高分子量のポリマーができる．これは古くから行われているポリエチレンの工業的製法で，反応は高温・高圧の条件で行う．ところが同じ条件でプロピレンを反応させてもポリマーはできない．それはメチル基が副反応を起こすためである．

$$R\cdot \ + \ CH_2=CH-CH_3 \longrightarrow RH \ + \ CH_2=CH-CH_2\cdot \quad (4.23)$$

この反応が起こりやすいのは生成するラジカルがアリル（allyl）構造で比較的安定なためである．このラジカルが$C=C$に付加すると連鎖移動反応となるが，そこで生成したラジカルがすぐ式 (4.23) の反応を起こす．エチレンにメチル基1つ付いたくらいで大した差はないだろう，というわけにはいかないのである．

4.6　ポリマーへの連鎖移動 —— 枝分れ

仮に量的には寄与が小さくても生成ポリマーの性質に大きな影響を及ぼし得る連鎖移動反応に，ポリマーへの連鎖移動反応がある．この可能性は，酢酸ビニルのラジカル重合によって得られるポリ酢酸ビニルの側鎖のエステル基を，加水分解してポリビニルアルコールを得る反応において示唆される．

$$\begin{array}{c} CH_2=CH \\ | \\ O-C-CH_3 \\ \| \\ O \end{array} \longrightarrow \begin{array}{c} {\rlap{\raisebox{0.5em}{$\ \ \ \ \ \ \ \ \ \ \ $}}}(CH_2-CH)_x \\ | \\ O-C-CH_3 \\ \| \\ O \end{array} \quad (4.24)$$

酢酸ビニル　　　　　ポリ酢酸ビニル

$$\begin{array}{c} (CH_2-CH)_x \\ | \\ O-C-CH_3 \\ \| \\ O \end{array} \xrightarrow[-CH_3CO_2H]{H_2O/アルカリ} \begin{array}{c} (CH_2-CH)_x \\ | \\ OH \end{array} \quad (4.25)$$

ポリビニルアルコール

式 (4.25) では反応はエステル基のところで起こるので，主鎖の$C-C$結合

4.6 ポリマーへの連鎖移動——枝分れ

は関係がない．したがって重合度で見れば，ポリ酢酸ビニルとポリビニルアルコールとで変化はないはずである．ところが，実験事実はそうではなく，ポリビニルアルコールの重合度は明らかにポリ酢酸ビニルの重合度よりも低くなる．

一体何が起こったのだろうか．エステル基の加水分解のときに重合度が低下するのだから，ここのところに謎の答えがあるのではないか．可能性が高いのは，いったん生成したポリマーの側鎖の酢酸エステルのメチル基が，連鎖移動反応に関与しているのではないか，ということである．

$$R\cdot \; + \; \mathrm{-(CH_2-CH)_{\mathit{x}}-} \longrightarrow \mathrm{-(CH_2-CH)_{\mathit{x}}-} \; + \; RH \quad (4.26)$$
$$\overset{|}{\underset{\mathrm{O}}{\mathrm{O-C-CH_3}}} \overset{|}{\underset{\mathrm{O}}{\mathrm{O-C-CH_2}\cdot}}$$

（ここから成長）

もしこの反応が起こるとポリマーの側鎖にラジカルが生じることになり，この個所からモノマーの付加，すなわち開始，成長反応が起これば枝のあるポリマーができることになる（もちろん式 (4.26) は側鎖の一部でこのような反応が起こることを表している）．このポリマーの分子量を測れば枝の部分も含めた重合度の値が得られる．これを加水分解にかけると，枝のところで切れてしまう．したがって生成したポリビニルアルコールの平均重合度は元のポリ酢酸ビニルのそれよりも低下することになる．

ところで，ポリ酢酸ビニルの中にはほかにも C-H 結合があるのに，なぜ側鎖の C-H のところで連鎖移動が起こると考えるのか．主鎖の C-H のところで連鎖移動が起こっていないという証拠は何もない．そこで枝ができたとしても，加水分解によって切れることはないからである．一方，側鎖の -COCH$_3$ のメチル基がラジカルの攻撃を受けやすいと考えられる理由は十分ある．それは生成するラジカルの不対電子が隣りのカルボニル基と共役して安定化し，この形のラジカルが生成しやすいからである．式 (4.23) のアリルラジカルの話とも関係がある．

さて，主鎖の C-H 結合のところで連鎖移動が起こってもよいではないか，と述べたが，実際そのことは起こるのである．例は他ならぬエチレンの高温・

高圧における重合である．この方法でつくったポリエチレンには枝がある．しかも長い枝と炭素数 数個の短い枝があることがわかっている．ポリエチレンだから，連鎖移動は主鎖のC−Hのところで起こるしかない．

$$R\cdot \; + \; +CH_2-CH_2\overline{)_x} \longrightarrow +CH_2-\overset{\cdot}{C}H\overline{)_x} \; + \; RH \quad (4.27)$$

ここから成長

このラジカルから開始，成長反応が起こると元のポリマーと同程度の重合度を持った長い枝ができる．短い枝の方は，分子内で水素引抜きが起こる結果生成する．

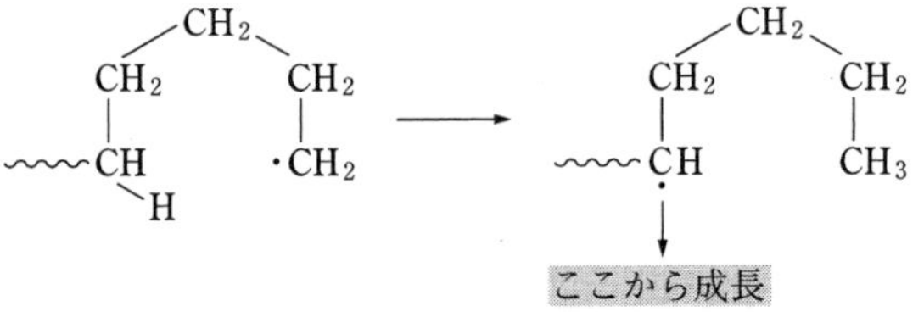

$$(4.28)$$

ここから成長

この場合引き抜くラジカルと引き抜かれる水素は適当な位置関係になければ反応は起こりにくいと考えられるので，長い枝が残ることはほとんどないだろう．後に述べるが別の方法でつくったポリエチレンには枝がない．枝の有無でポリエチレンの性質はかなり異なってくる．

4.7 禁止剤

ところで，式 (4.20) におけるような働きをする化合物 A−B があり，生成ラジカル B・ が再び開始，成長反応を起こす場合は連鎖移動反応となるのであるが，もし B・ がきわめて安定で もはや開始，成長反応を起こし得ない場合はどうなるか．いうまでもなく，反応はここで止まってしまう．端的な例をあげれば，開始剤が分解してラジカルが生成するとすぐ化合物 A−B と反応して安定な B・ができるならば，モノマーは全く反応しないことになる．このような化合物を重合の禁止剤 (inhibitor) と呼んでいる．

そんなものは何の役にも立たないではないかと思われるかも知れないが，そ

4.7 禁止剤

うではない．モノマーは，重合反応に使うまでは当然重合しない状態で保存しておかねばならない．最初に述べたように，二重結合同士が互いに付加することは一般には起こらない．しかし実際上，例えばスチレンの入った試薬びんを長く放置しておくと，固化してしまった，という経験をする．多分，熱や光の作用もあって何らかのラジカルが生じ，重合反応が起こったのであろう．この点について詳しく調べた人もいるが，まああまりはっきりしたことがわかっているとはいえない．いずれにせよ保存中に重合してしまっては困るので，万一ラジカルが生成してもすぐにそれと反応してしまって安定なものになる物質として，禁止剤を加えておくのである．

連鎖移動型の禁止剤の代表的なものにヒドロキノン誘導体がある．ラジカルはフェノール性水素を引き抜いて安定ラジカルとなる．

$$R\cdot\ +\ HO\text{–}\langle\bigcirc\rangle\text{–}OH\ \longrightarrow\ RH\ +\ \cdot O\text{–}\langle\bigcirc\rangle\text{–}OH \tag{4.29}$$
ヒドロキノン

$$R\cdot\ +\ \cdot O\text{–}\langle\bigcirc\rangle\text{–}OH\ \longrightarrow\ RH\ +\ O\text{=}\langle\bigcirc\rangle\text{=}O \tag{4.30}$$
p-ベンゾキノン

式 (4.30) で生成したベンゾキノンはさらにラジカルを付加する．

$$R\cdot\ +\ O\text{=}\langle\bigcirc\rangle\text{=}O\ \longrightarrow\ R\text{–}O\text{–}\langle\bigcirc\rangle\text{–}O\cdot \tag{4.31}$$

$$R\cdot\ +\ \cdot O\text{–}\langle\bigcirc\rangle\text{–}O\text{–}R\ \longrightarrow\ R\text{–}O\text{–}\langle\bigcirc\rangle\text{–}O\text{–}R \tag{4.32}$$

したがってベンゾキノンも禁止剤として使う．

市販のモノマーには禁止剤が入れてあるので，重合反応の前に洗浄，蒸留などによりこれを除く．上の説明からわかるように，ラジカルが多く発生して禁止剤が消費されてしまえば重合ははじまる．したがってモノマーは禁止剤を除いたらなるべく早く使うのがよい．

4.8 素反応の速度

　付加重合は，式 (4.1) で見ると単純だが実はそうではなく，少なくとも開始，成長，停止の 3 種類の素反応から成り立っていることがわかった．それに加えて，連鎖移動反応が起こっている可能性が否定できない．そのことのために，式 (4.1) のように，ポリマーの末端の構造がどうなっているかがはっきりとはわからない．ただ，一般に重合度はかなり高いので，例えばプラスチックとしての性質に末端基の構造はほとんど影響を及ぼさない．

　ラジカル機構による付加重合のイメージは，開始剤，例えば過酸化ベンゾイルの O−O 共有結合がゆっくりと切断してラジカルを生じ，この反応性の高いラジカルがモノマーの C=C に速やかに付加し，以下速い成長反応が続き，ラジカル同士が反応すると重合反応が停止する（式 (4.8)〜(4.11)）というものであった．ラジカル同士の反応は反応性の高いもの同士の反応だから，C=C との反応に比べてずっと速いだろう．しかしラジカルの濃度が低いので式 (4.11)（または式 (4.15)）が起こるまでにモノマーへの付加が繰り返され，重合度の高いポリマーができる．

　それではこれらの式の k_d, k_p, k_t の値を求めることはできないものだろうか．縮合重合反応の場合には，起こる反応の種類は 1 つだけであり，反応速度は例えば式 (2.5) のように表され，[COOH] も [OH] も実測できるので，反応速度定数 k が求まる．付加重合においてこれに相当するのは式 (4.12) である．しかし [M·] がわからないと k_p を求めることはできない．そこでラジカル濃度に関する定常状態を仮定して式 (4.14) を導いた．[I]，[M]，R_p は実測でき，fk_d も開始剤の分解の速さを独立に調べることによって知ることができる．しかし式 (4.14) から求められるのは $k_p/k_t^{1/2}$ であって，k_p, k_t を独立に求めることはできない．要は [M·] が測定できないからである．しかしいかに反応性が高くても M· はある有限の時間の寿命を持っているはずである．これを非定常状態での反応をも考慮に入れた重合反応速度の解析から求めるための工夫がなされてきた．

　定常状態でのラジカルの濃度を [M·]$_s$ とすると，ラジカルの寿命 τ_s はこれ

を停止反応（ラジカルの消滅）の速度で割ったものである．

$$\tau_s = \frac{[M\cdot]_s}{2k_t[M\cdot]_s^2}$$
$$= \frac{1}{2k_t[M\cdot]_s} \tag{4.33}$$

式 (4.12)，つまり $R_p = k_p[M\cdot]_s[M]$ の関係があるから，

$$\tau_s = \frac{k_p}{2k_t}\frac{[M]}{R_p} \tag{4.34}$$

となる．ラジカルの平均寿命 τ_s を求めることができれば $k_p/2k_t$ がわかり，これと式 (4.14) から求められる $k_p/k_t^{1/2}$ とから，k_p，k_t が独立にわかることになる．回転セクター法と呼ばれる方法では，開始剤として光を照射したときだけ分解してラジカルを生成するものを使い，切れ目のある円盤を回転させて光がその切れ目を通して重合反応系に当たるようにする．円盤の回転速度を変えると光の照射時間とその間隔が変る．重合反応はラジカルが生成するとすぐ開始-成長-停止という一連の反応を終えるので，重合反応速度は当然ラジカルの濃度に依存する．仮にラジカルの寿命がかなり長いとすると，光照射のない時間にも重合は進むことになるが，寿命が短いと，回転速度を速めて照射間隔が短くならないと重合は継続しては起こらない．このように光の照射時間（間隔）と重合反応速度との関係はラジカルの寿命に依存するので，この関係からラジカルの平均寿命を求めることができる．これ以上の詳細はここでは割愛する．この方法で求めたラジカルの平均寿命としては，メタクリル酸メチル，スチレンの 30℃ での重合について，だいたい 1 秒程度のオーダーであることが報告されている．

　ラジカルの濃度を直接求めることができれば複雑な議論をしなくてすむ．フリーラジカル，すなわち不対電子を持つ化学種を直接検知する方法には電子スピン共鳴 (electron spin resonance, ESR) 法がある．ごく最近になってこの測定装置が高感度になり，通常の重合条件下で成長ポリマーラジカルのスペクトルが検出され，その濃度が測定できるようになった．これがわかれば重合速度

表 4.2 連鎖成長，および連鎖停止の速度定数 (dm^3 mol^{-1} s^{-1})

モノマー	k_p			$2k_t$		
	30 ℃	50 ℃	60 ℃	30 ℃	50 ℃	60 ℃
回転セクター法						
メタクリル酸メチル	143*		367	1.2×10^7		1.8×10^7
	260					
スチレン	55		176	5.0×10^7		7.2×10^7
酢酸ビニル	1240		3700	6.2×10^7		1.4×10^8
ESR 法						
メタクリル酸メチル			790			7.2×10^8
	187					
		790				
		580			6.9×10^7	
イタコン酸ジブチル		6.7			8.0×10^4	
N-シクロヘキシルマレイミド		54			3.1×10^4	
フマル酸ジエチル	0.03			3.5		
フマル酸ジイソプロピル	0.35			0.88		

* 25 ℃

から直接 k_p, k_t を求めることができる．結果の例を**表4.2**に示す．停止反応の速度定数 k_t は成長反応のそれに比べて桁違いに大きいことがわかる．同様の結果は回転セクター法によっても得られていた．

4.9 ポリマーの分子構造

さて，付加重合を簡単に表すときには式 (4.1) のように書くのであるが，末端の構造は特定できないことを理解した．それでは肝腎の繰り返し単位のところは，このように書いて問題はないのだろうか．式 (4.1) のポリマーは

$$\cdots-\mathrm{CH_2}-\underset{\underset{Y}{|}}{\overset{\overset{X}{|}}{\mathrm{C}}}-\mathrm{CH_2}-\underset{\underset{Y}{|}}{\overset{\overset{X}{|}}{\mathrm{C}}}-\mathrm{CH_2}-\underset{\underset{Y}{|}}{\overset{\overset{X}{|}}{\mathrm{C}}}-\mathrm{CH_2}-\underset{\underset{Y}{|}}{\overset{\overset{X}{|}}{\mathrm{C}}}-\cdots$$

のような構造で示してあるのだが，果して

$$\cdots-CH_2-\underset{Y}{\overset{X}{C}}-CH_2-\underset{Y}{\overset{X}{C}}-\underset{Y}{\overset{X}{C}}-CH_2-CH_2-\underset{Y}{\overset{X}{C}}-\cdots$$

のような構造は存在しないのだろうか．つまり成長反応のときに

$$\cdots-CH_2-\underset{Y}{\overset{X}{C}}\cdot\ +\ CH_2=\underset{Y}{\overset{X}{C}}\ \longrightarrow\ \cdots-CH_2-\underset{Y}{\overset{X}{C}}-CH_2-\underset{Y}{\overset{X}{C}}\cdot \quad (4.35)$$

でなく

$$\cdots-CH_2-\underset{Y}{\overset{X}{C}}\cdot\ +\ \underset{Y}{\overset{X}{C}}=CH_2\ \longrightarrow\ \cdots-CH_2-\underset{Y}{\overset{X}{C}}-\underset{Y}{\overset{X}{C}}-CH_2\cdot \quad (4.36)$$

という反応は起こらないのだろうか．

　例えばプロピレンに HBr が付加するときに $CH_3-CHBr-CH_3$ と $CH_3-CH_2-CH_2Br$ とが生成し得るが前者が主になるというのが，有機化学の教科書で学んだマルコフニコフの法則である．この系に過酸化物が存在すると主生成物が逆になり，それは反応機構がイオン的な反応からラジカル機構に変るため，ということも書いてあり，そうなるとこれはラジカル重合とも無縁ではない．

　実際，ラジカル重合の場合主に起こるのは式 (4.35) の反応であるが，式 (4.36) の反応も起こり得る．前者でできる結合を頭-尾 (head-to-tail) 結合，後者でできる結合を頭-頭 (head-to-head) 結合という．そうなると当然 $-CH_2-CH_2-$（尾-尾）結合もできることになる（どちらが頭でも尾でもよいのだが）．

　実験的にこのことがわかる例には，酢酸ビニルの重合がある．この重合によって得られたポリマーの側鎖のエステル結合を加水分解するとポリビニルアルコールになることはすでに述べた（式 (4.25)）．もしこの中に頭-頭（あるいは尾-尾）結合があるとすると，ポリマーは 1,3-ジオール構造のほかに 1,2-ジオール構造を含むことになる．

$$\cdots\text{--CH}_2\text{--CH--CH}_2\text{--CH--CH}_2\text{--CH--CH}_2\text{--CH--CH}_2\text{--CH--}\cdots$$

$$\underbrace{\quad\text{OH}\qquad\qquad\text{OH}\quad}_{\text{1,3-ジオール}}\quad\underbrace{\quad\text{OH}\quad\text{OH}\quad}_{\text{1,2-ジオール}}\qquad\text{OH}$$

この C–OH が隣接する構造の C–C 結合はとくに高い反応性を持っており，適当な酸化剤によって切断されることが知られている．他の，もっと C–OH 間の離れたジオールではこの反応は起こらない．代表的な酸化剤に過ヨウ素酸がある．

$$\underset{\text{OH\quad OH}}{\text{R--CH--CH--R}} + \underset{\text{過ヨウ素酸}}{\text{HIO}_4} \longrightarrow \underset{\text{O}}{\text{R--CH}} + \underset{\text{O}}{\text{CH--R}} \qquad (4.37)$$

もし低分子の 1,3-ジオールと 1,2-ジオールの混合物があるとしても，後者の含量がごくわずかなら，実際上式 (4.37) の反応が起こっていることは検知できないかも知れない．しかしポリビニルアルコールの場合には異なる方法によってこれが検知できる．いま平均重合度 1000 のポリビニルアルコールがあり，その分子 1 個の中にただ 1 個所の 1,2-ジオール結合があるとする．これを過ヨウ素酸と反応させると，1,2-ジオール結合のところで分子は切断される．そうすると，平均重合度は 1/2 の 500 になってしまう．このように大きな重合度の変化は，きわめて容易に検知できる．実際，この方法によって酢酸ビニルの重合においてポリマーは 1～3 モル％程度の頭-頭構造を含むことがわかっている．

いずれにせよ，頭-尾結合の生成，すなわち式 (4.35) の方が式 (4.36) の反応よりもずっと起こりやすい．これは式 (4.35) で生成するラジカル–CXY・の方が式 (4.36) で生成する–CH$_2$・よりも多少とも安定なためである．ラジカルの構造と安定性 (反応性) の関係については第 5 章であらためて議論するが，付加重合のポリマーの構造を式 (4.1) のように書いてもまず妥当ということができる．

4.10 付加重合の実際的方法

　本章のはじめに，スチレンの重合をトルエンを溶媒として行う実験例をあげた．有機化合物の反応を有機溶媒の中で行うのは普通のことである．最も日常的な溶媒は水であるが（食塩や砂糖を溶かす），水と油は混ざらないという通りで多くの有機化合物は水と混ざらない．また反応性の高い試薬には水と反応するものも多い．そこで反応系を均一にしてうまく進めるために，有機溶媒を使う．

　ところが，ラジカル機構による付加重合は，水の中で行うことができる．もちろん，例えばスチレンは水とは混ざらないので反応系は不均一になる．しかし最も重要なことは，ラジカルは水と反応しないということである．ここで連鎖移動反応のところを思い出してほしい．そこでチオールのS－Hはラジカルとの反応性が高いことを述べた．しかし水のO－Hとラジカルとの反応は実際上起こらない．これはラジカル重合によってポリマーを工業的に製造するに当たってきわめて重要なことである．

　本章のはじめにあげたのは溶液中で重合反応を行う方法で，文字通り溶液重合（solution polymerization）という．溶媒を使わずモノマーだけを重合させることもある．これを塊状重合（bulk polymerization）と呼ぶ．しかし工業的に最も一般的なのはこれらの方法ではなくて，水を媒体として使う方法である．懸濁重合（suspension polymerization）と乳化重合（emulsion polymerization）である．

　スチレンと水は混ざらない．これを一緒にしてはげしくかき混ぜるとスチレンの油滴が水の中に懸濁した状態になる．かき混ぜを止めれば2層に分かれてしまうが，開始剤の過酸化ベンゾイルを加えてかき混ぜを続けながら加熱する．この開始剤は水に溶けずスチレンに溶けるので，懸濁した油滴の状態で重合反応が進むことになる．反応が十分進むと油滴は固体の小球状の粒になる．これを沪別して洗って乾燥し，ポリマーを得る．

　乳化重合では石けん（界面活性剤）の原理を使う．水に界面活性剤を溶かし，これに水に溶けないモノマーを加えてかき混ぜる．水の中で界面活性剤分子は

column 高分子の製品はどのようにしてつくるか

　重合反応で得られた高分子化合物は一般にペレットか粉末の形になっている．これをフィルム，管，ケースなどの製品にするにはどうするのだろうか．プラスチックの代表例としてポリ塩化ビニルの場合について説明しよう．このものだけの固体はかなり硬い．そこで可塑剤を混ぜて適度に軟らかくする．可塑剤の代表はフタル酸ジオクチルである．混ぜる量を変えると硬軟さまざまのものができる．このとき分解を防止するための安定剤なども加える．色をつけるなら顔料も加える．そして加熱すると流動性のある状態になる．これを成型機の一端から入れて他端へスクリューで送る．出口をせまく，幅を広くしておけば，流動性の混合物は冷えて固化しフィルムになる．同様に出口に目的の型(かた)を置いてそこへ流動物を入れて冷すと，目的の成型品ができる．

外側に親水性部分を，内側に親油性（疎水性）の部分を向けて集合しミセルをつくる．モノマーはこのミセルの中にごく小さい油滴として存在していて，全体として乳濁液となっている．これに水溶性の開始剤，例えば過硫酸カリウム$K_2S_2O_8$を加え，かき混ぜながら加熱する．開始剤からできたラジカルがミセル中のモノマー油滴の中に入ると乳濁液の状態のままで重合反応が進む．生成ポリマーも乳濁液（エマルション：emulsion あるいはラテックス：latex）となっており，塩析するとポリマーは微粉末状で得られる．乳濁液をそのまま塗料，接着剤や表面処理剤として用いることも多い．乳化重合ではミセル中のモノマー油滴に入るラジカルの数が少ないので停止反応が起こりにくく，重合度の高いポリマーが生成する．このような特徴のある乳化重合については詳しい解析も行われているが，ここでは割愛する．

　これまで開始剤のことについては少しの例しかあげてこなかったのであるが，上述のように重合反応を実際に行うに当たって開始剤の選択は重要である．例を表4.3にあげる．過酸化ベンゾイルもそうであるが，過酸化物，それにアゾ型化合物がよく用いられる．

4.10 付加重合の実際的方法

表 4.3 ラジカル重合の開始剤

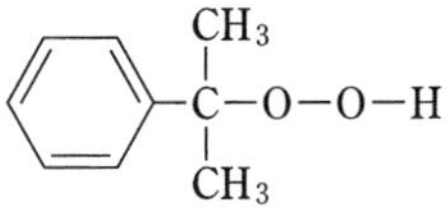

クメンヒドロペルオキシド

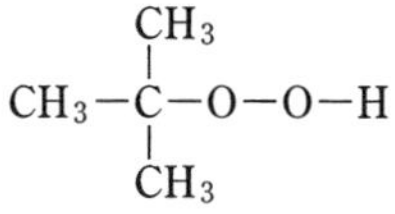

t-ブチルヒドロペルオキシド

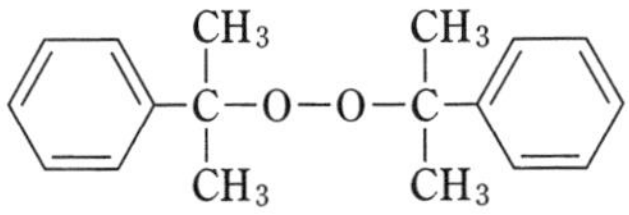

過酸化ジクミル

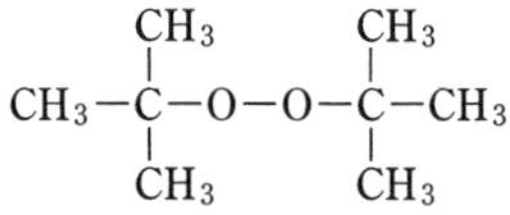

過酸化ジ-t-ブチル

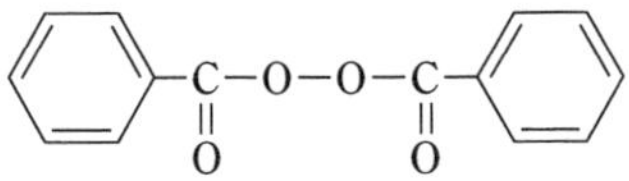

過酸化ベンゾイル

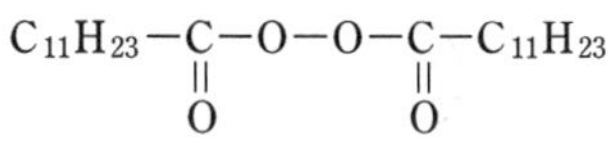

過酸化ドデカノイル (C$_{11}$H$_{23}$-C(O)-O-O-C(O)-C$_{11}$H$_{23}$)

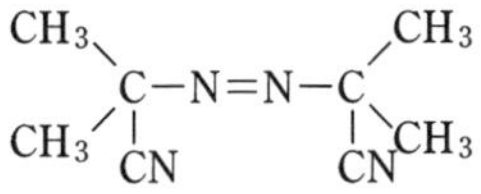

アゾビスイソブチロニトリル

過硫酸カリウム K$_2$S$_2$O$_8$

過酸化ベンゾイルが分解してできたベンゾイルオキシラジカルから，さらにフェニルラジカルができることもあることがわかっている．

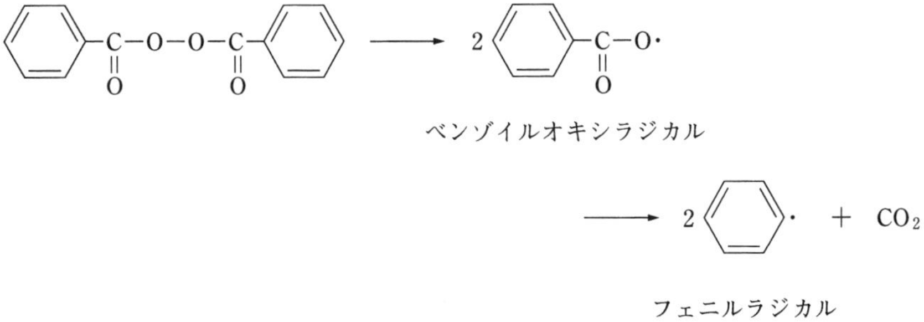

$$\text{(C}_6\text{H}_5\text{-CO-O-)}_2 \longrightarrow 2\,\text{C}_6\text{H}_5\text{-CO-O·}$$
ベンゾイルオキシラジカル

$$\longrightarrow 2\,\text{C}_6\text{H}_5\text{·} + \text{CO}_2$$
フェニルラジカル

(4.38)

アゾビスイソブチロニトリルは次のように分解してラジカルを発生する．

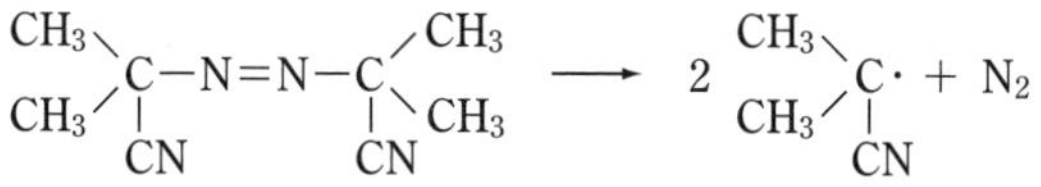

$$\mathrm{\underset{CH_3}{\overset{CH_3}{}}\!\!\!\!\!\!>\!\!\underset{CN}{\overset{|}{C}}\!-\!N\!=\!N\!-\!\underset{CN}{\overset{|}{C}}\!<\!\underset{CH_3}{\overset{CH_3}{}}} \longrightarrow 2\,\mathrm{\underset{CH_3}{\overset{CH_3}{}}\!\!\!\!\!\!>\!\!\underset{CN}{\overset{|}{C}}\cdot} + N_2 \qquad (4.39)$$

目的によっては低温（室温〜−40℃）で働く開始剤が用いられる．それは酸化剤（例えば過酸化物）と還元剤の組合せでできており，レドックス (redox) 開始剤と呼ばれる．2つの例をあげる．

過酸化ベンゾイル-メチルアニリン系

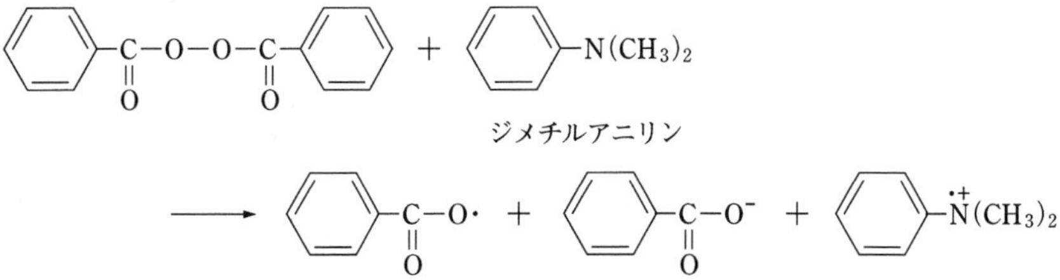

Ph–C(=O)–O–O–C(=O)–Ph + Ph–N(CH$_3$)$_2$
　　　　　　　　　　　　　　　ジメチルアニリン

$\longrightarrow$ Ph–C(=O)–O· + Ph–C(=O)–O$^-$ + Ph–N$^{\cdot+}$(CH$_3$)$_2$

$$\qquad\qquad\qquad\qquad\qquad\qquad\qquad (4.40)$$

過酸化水素-鉄（Ⅱ）系

$$\mathrm{H_2O_2 + Fe^{2+} \longrightarrow HO\cdot + HO^- + Fe^{3+}} \qquad (4.41)$$

第5章 付加重合 II：モノマーの構造と反応性

ビニル化合物のラジカル重合において，モノマーの置換基はその反応性に大きい影響を与える．このことは，2種類のモノマーを混合して重合させる共重合反応を行い，モノマーの組成とコポリマーの組成を比べることによってわかる．モノマーは反応性の高いグループと低いグループに大別される．この反応性の違いを支配する要因は何かについて考える．共重合は単独のモノマーからのポリマーとは違った性質の高分子を得る方法として，実際的にも重要である．

5.1 モノマーの反応性を調べる

アルケンへの付加反応の起こりやすさが，その置換基によって変化することを，われわれは種々の例について知っている．だから，式 (4.1) のような付加重合反応の起こりやすさも当然置換基によって変ってくるものと考えられる．構造と反応性との関係を定量的に表すには反応速度を比較したいが，付加重合反応は開始，成長，停止の諸反応から成り，モノマーが関与するのは式 (4.10) である（高重合度のポリマーが生成する場合は式 (4.9) の寄与は無視できる）．アルケンへの単純な付加反応と異なるところは，この反応はモノマーの反応性とラジカルの反応性の両方に依存し，しかも後者の反応性はモノマーの構造に依存する，ということである．したがって仮に式 (4.10) の k_p を求めることができたとしても，それからモノマーの反応性だけを評価するわけにはいかない．

一般に類縁化合物の反応性を相対的に比べたいとき，競争反応という方法が便利である．例えばアルケン1とアルケン2の混合物にHBrを反応させ，どちらからの付加生成物が速くできてくるかを調べるのである．こうすると，2種の反応について個別に速度を調べる必要がないし，全く同じ条件で反応を比べることができる．そこで付加重合について，似た方法で検討してみる．

モノマー1とモノマー2の混合物をつくり，これに開始剤を加えて重合反応を行わせる．一般に2種（以上）のモノマーの混合物を重合させることを共重合（copolymerization）という．ここで大別して2つの場合が考えられる．第1はモノマー1とモノマー2が別々に重合してしまって単独のモノマーからの重合体，ホモポリマー（homopolymer）を生成することである．第2は1個の分子の中にモノマー1とモノマー2とが混ざって結合した共重合体，コポリマー（copolymer）ができることである．

実験は簡単である．共重合反応を溶液中で行っているとして，反応混合物をポリマーの溶けない溶媒（というのも変だが，非溶媒）の中に注いで，生成物を沈殿，分離する．そして元素分析や核磁気共鳴（nuclear magnetic resonance, NMR）にかけて生成物中のモノマー1とモノマー2の構造単位の組成比を調べる．両モノマーの反応性に違いがあると，反応初期（モノマーがあまり消費されていないとき）と後期とで生成物の組成は変化してくる．話を簡単にするため，モノマーがたかだか数％消費された程度のとき，できたコポリマーを取り出して組成を調べる．こうして当初のモノマー混合物の組成との対応を見るのである．重要なことは，いま考えているラジカル重合では生成物の平均重合

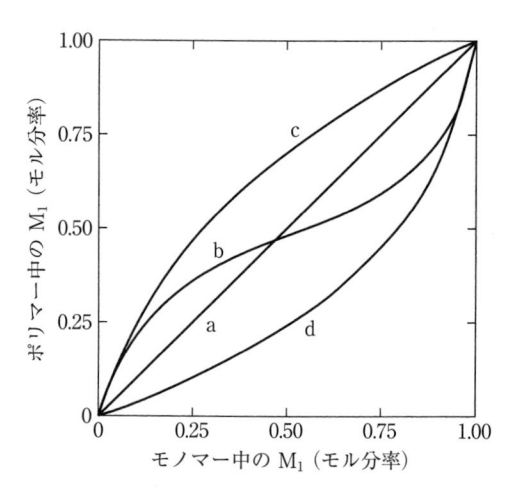

図 5.1 共重合組成曲線

度は反応率が変ってもほぼ一定であることで，数％以下の反応率で生成するコポリマーの重合度も十分に高い．

　実験結果の例を図5.1に示す．2種のモノマーの反応性が全く等しければ直線aにのるデータが得られる．しかし一般にはb，c，dのような曲線になることが多い．これらの中でbは比較的aに近い（両モノマーの反応性が似ている）といえるが，この例のように逆S字形になり，S字形の例はラジカル重合ではまれである．一方c，d（これはモノマーの番号1と2を入れ替えれば同じものである）は反応の起こりやすさが一方のモノマーに偏っていることを示す．そこで，このような相対反応性を定量的に表すことはできないものだろうか．

5.2　モノマー反応性比

　一般にモノマー1（M_1）とモノマー2（M_2）からのコポリマーが成長反応しているとき，成長末端のラジカルの存在するところの構造単位は$M_1\cdot$か$M_2\cdot$かのいずれかである．そうした成長分子の一例を示すと

$$\cdots-M_1-M_2-M_2-M_2-M_1-M_1\cdot$$

のようになっている．つまり，成長末端の構造単位が$M_1\cdot$のとき，その1つ手前の構造単位はM_1かM_2かであり，またその前はM_1かM_2であり，……というわけである．そこでまず$\cdots M_1-M_1\cdot$と$\cdots M_2-M_1\cdot$の間に反応性の違いはあるだろうか，ということを考える．有機化学反応の多くの例から見ると，実際上の違いはない，と考えてよいだろう．ましてもっと手前の構造単位がM_1でもM_2でも，成長末端の$M_1\cdot$の反応性に影響はない．このことを仮定すると，成長反応としては次の4種類を考えればよいことになる．

$$M_1\cdot\ +\ M_1\ \xrightarrow{k_{11}}\ M_1\cdot \tag{5.1}$$

$$M_1\cdot\ +\ M_2\ \xrightarrow{k_{12}}\ M_2\cdot \tag{5.2}$$

$$M_2\cdot\ +\ M_1\ \xrightarrow{k_{21}}\ M_1\cdot \tag{5.3}$$

$$M_2\cdot\ +\ M_2\ \xrightarrow{k_{22}}\ M_2\cdot \tag{5.4}$$

したがってモノマー M_1 と M_2 の消費速度はそれぞれ次のようになる．

$$-\frac{d[M_1]}{dt} = k_{11}[M_1\cdot][M_1] + k_{21}[M_2\cdot][M_1] \tag{5.5}$$

$$-\frac{d[M_2]}{dt} = k_{12}[M_1\cdot][M_2] + k_{22}[M_2\cdot][M_2] \tag{5.6}$$

すなわちコポリマーの組成は

$$\frac{d[M_1]}{d[M_2]} = \frac{k_{11}[M_1\cdot][M_1] + k_{21}[M_2\cdot][M_1]}{k_{12}[M_1\cdot][M_2] + k_{22}[M_2\cdot][M_2]} \tag{5.7}$$

である．$[M_1\cdot]$ と $[M_2\cdot]$ をともに測定することは現在でも容易でない．そこでここでもラジカル濃度についての定常状態を仮定する．それは式 (5.2) と (5.3) の反応の速度が等しいと考えることである．

$$k_{12}[M_1\cdot][M_2] = k_{21}[M_2\cdot][M_1] \tag{5.8}$$

式 (5.1)，(5.4) の反応によってはそれぞれ $[M_1\cdot]$，$[M_2\cdot]$ の変化は起こらない．したがって式 (5.8) が成り立っていれば全体として $[M_1\cdot]$，$[M_2\cdot]$ の濃度は変らない．この関係を式 (5.7) に入れると

$$\frac{d[M_1]}{d[M_2]} = \frac{[M_1]}{[M_2]} \left(\frac{r_1[M_1] + [M_2]}{[M_1] + r_2[M_2]} \right) \tag{5.9}$$

となる．ここで

$$\frac{k_{11}}{k_{12}} = r_1, \qquad \frac{k_{22}}{k_{21}} = r_2 \tag{5.10}$$

である．r_1 は $M_1\cdot$ に対するモノマー M_1 と M_2 の相対的な反応性を，r_2 は $M_2\cdot$ に対するモノマー M_2 と M_1 の相対的な反応性を表すことになり，モノマー反応性比 (monomer reactivity ratio) と呼ぶ．

図 5.1 のように実際に得られたデータから r_1，r_2 を求める方法はいろいろ工夫されている．例えば式 (5.9) を変形すると次のようになる．

$$r_2 = \frac{[M_1]}{[M_2]} \left\{ \frac{d[M_2]}{d[M_1]} \left(1 + r_1 \frac{[M_1]}{[M_2]} \right) - 1 \right\} \tag{5.11}$$

5.2 モノマー反応性比

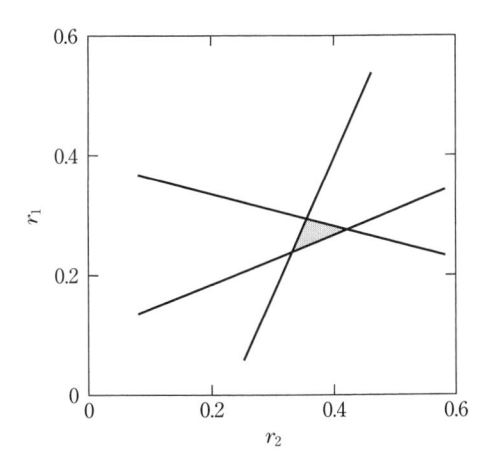

図 5.2 交点法による r_1, r_2 の決定

これは r_1 と r_2 を未知数とする方程式であり,そのグラフは直線関係があることを示す.したがって,最低2組のモノマー比で実験しコポリマー組成を調べれば,式 (5.11) から r_1, r_2 が計算できることになる.しかしそんな横着なことをしてはならないことは,もっと多くのモノマーの比で実験し,式 (5.11) の関係を図に描いてみるとすぐわかる(**図 5.2**).3つの実験の線は1点で交わるはずだが実際にはそうはならない.多くの実験結果から図示される交点をもとにして r_1, r_2 を求める方法を交点法という.

もっとスマートで便利な方法にファインマン-ロス (Fineman-Ross) の方法がある.両モノマーの濃度の比 $[M_1]/[M_2]$ を F,生成コポリマー中の各構造単位のモル比 $d[M_1]/d[M_2]$ を f とすると,式 (5.9) は式 (5.12) のように書ける.

$$f = \frac{F(r_1 F + 1)}{F + r_2} \tag{5.12}$$

この式の形を変えると,

$$\frac{F(f-1)}{f} = \frac{r_1 F^2}{f} - r_2 \tag{5.13}$$

となる.F, f は図 5.1 のデータから得られるので,$F(f-1)/f$ と F^2/f とをプ

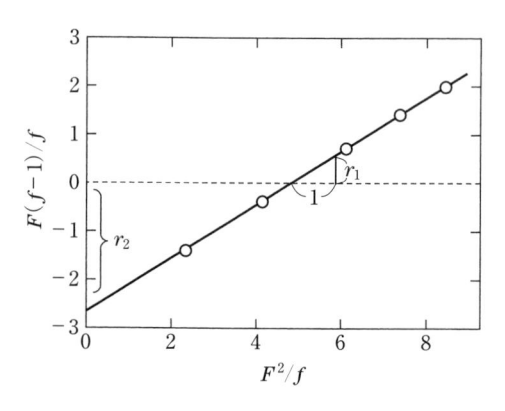

図 5.3 ファインマン–ロス法による r_1, r_2 の決定

ロットすると直線関係となり，その傾きから r_1 が，縦軸の切片から r_2 が求まる（**図 5.3**）．このようにして求めたいくつかのモノマーの組合せについての r_1，r_2 の値が**表 5.1** にまとめてある．

　この表の結果と，表の下にあるモノマーの構造式を対照して見て，構造と反応性の間に何か一般的な関係が見出されるだろうか．大まかに見るとこの表で $r_1<1$，$r_2<1$；$r_1>1$，$r_2<1$；$r_1<1$，$r_2>1$ の 3 つの場合が見られるが，これらはそれぞれ図 5.1 の曲線 b，c，d の場合に相当している．多様に見えるこれらの例の中から代表的なものをひろってみよう．スチレンを M_1 とし，M_2 をメタクリル酸メチルにした場合と酢酸ビニルにした場合を比べる．スチレン（M_1）とメタクリル酸メチル（M_2）の組合せでは $r_1=k_{11}/k_{12}=0.52$，$r_2=k_{22}/k_{21}=0.46$ であり，スチレンの構造単位のラジカル $M_1\cdot$ に対してスチレンはメタクリル酸メチルの約 1/2 の反応性を持つ．同様にメタクリル酸メチルの構造単位のラジカル $M_2\cdot$ に対してメタクリル酸メチルはスチレンの約 1/2 の反応性を持つ．一方，スチレンと酢酸ビニル（M_2）の組合せでは，$r_1=55$ であるからスチレンからのラジカル $M_1\cdot$ に対してスチレンは酢酸ビニルよりも 55 倍も反応しやすく，また $r_2=0.01$ であるから酢酸ビニルからのラジカル $M_2\cdot$ に対して酢酸ビニルはスチレンの 1/100 の反応性しか持たない．この場合は $M_1\cdot$，$M_2\cdot$ いずれのラジカルに対してもスチレンの方が酢酸ビニルよりも圧倒的にモノ

5.2 モノマー反応性比

表 5.1 ラジカル共重合におけるモノマー反応性比

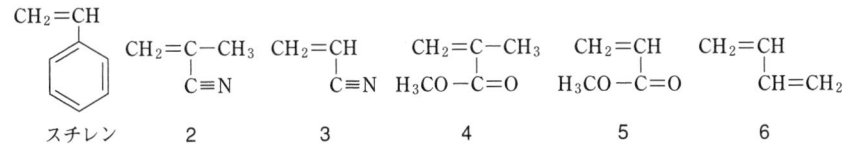

No.	モノマー (2)	モノマー (1) スチレン		モノマー (1) 酢酸ビニル	
		r_1	r_2	r_1	r_2
1	無水マレイン酸	0.04±0.01	0		
2	メタクリロニトリル	0.30±0.10	0.16±0.06	0.01±0.01	12±2
3	アクリロニトリル			0.060±0.13	4.05±0.3
4	メタクリル酸メチル	0.52±0.026	0.460±0.026		
5	アクリル酸メチル	0.75±0.07	0.18±0.02	0.1±0.1	9±2.5
6	ブタジエン	0.78±0.01	1.39±0.03		
7	塩化ビニリデン	1.85±0.05	0.085±0.010		
8	ケイ皮酸メチル	1.9±0.2	0		
9	塩化ビニル	17±3	0.02	0.32±0.02	1.68±0.08
10	クロトン酸	20	0		
11	酢酸ビニル	55±10	0.01±0.01		
12	エチルビニルエーテル	90±20	0	3.0±0.1	0

共役型

```
CH2=CH      CH2=C-CH3   CH2=CH    CH2=C-CH3   CH2=CH       CH2=CH
 |             |          |          |          |             |
 C6H5          C≡N        C≡N      H3CO-C=O   H3CO-C=O      CH=CH2

スチレン        2           3          4          5            6
```

非共役型

```
CH2=C-Cl    CH2=CH    CH2=CH      CH2=CH
  |           |         |           |
  Cl          Cl       O-COCH3     OC2H5

   7          9         11          12
```

1,2-二置換型

```
CH=CH              -CH=CH       CH3-CH=CH
|   |       ⌬       |             |
CO  CO             COOCH3          COOH
 \ /
  O

  1                  8              10
```

マーとしての反応性が高いのである．これに比べると，スチレンとメタクリル酸メチルの組合せでは，$M_1\cdot$ と $M_2\cdot$ に対する M_1 と M_2 の反応性は逆になっているが，その差はたかだか2倍程度であり，この両モノマーの間には反応性の差はあまりない，といってよいだろう．

5.3 モノマーの構造と反応性

このような観点で表5.1を見ると，モノマーは大別してスチレンに反応性が近いグループと，スチレンに比べてずっと反応性の低いグループに分かれることがわかる．前者にはメタクリロニトリル，メタクリル酸メチル，アクリル酸メチル，ブタジエンがあり，後者には塩化ビニリデン，塩化ビニル，酢酸ビニル，エチルビニルエーテル，それに無水マレイン酸，ケイ皮酸メチル，クロトン酸がある．表の下の構造式と対照して見るとわかるように，前者のグループのモノマーの重合反応に関与する C=C は，いずれも C=C, C=O, C≡N と共役した構造を持っている．これに対して後者のグループの前半，塩化ビニルや酢酸ビニルは，このような共役した構造を持っていない．大きく見ると，共役型のモノマーは相対的に反応性が高く，非共役型のモノマーは反応性が低いのである．

ではなぜ共役型のモノマーの反応性が高いのか．このような構造のモノマーでは，反応によって生成するラジカルの不対電子が共役の位置にある置換基の関与によって非局在化し，それだけ安定になる．例えばスチレンの場合について共鳴の表現で示すと

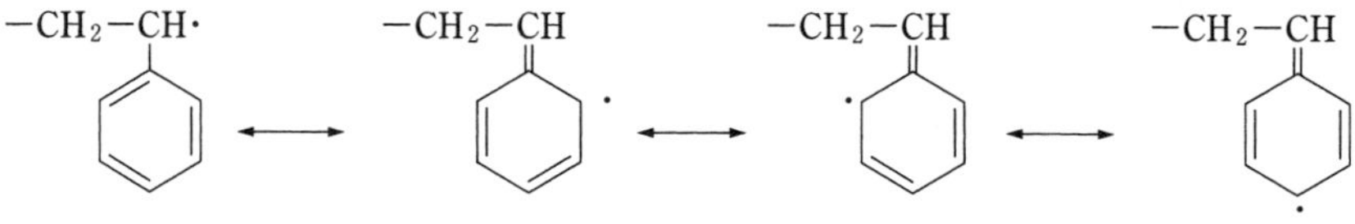

$$\text{(5.14)}$$

このように安定化したラジカルを生成するために，モノマーの反応性は高くなる．酢酸ビニルなどの非共役型モノマーでは，置換基の関与によるラジカルの非局在化，安定化が起こらず，モノマーの反応性は低い．式 (5.10) から $1/r_1 = k_{12}/k_{11}$ であるから，この値はラジカル $M_1\cdot$ に対するモノマー M_2 と M_1 の相対的な反応性を表す．いろいろなモノマーの組合せによる共重合反応性から得られたモノマーの相対反応性を**表5.2**に示す．

一方，上の考察から，共役型モノマーからできたラジカルは安定なので，そ

表 5.2 ラジカルに対するモノマーの相対反応性

ポリマーラジカル \ モノマー	スチレン	メタクリル酸メチル	アクリロニトリル	塩化ビニル	酢酸ビニル
スチレン	(1.0)	1.9	2.4	0.05	0.02
メタクリル酸メチル	2.2	(1.0)	0.75	0.07	0.05
アクリロニトリル	20	5.5	(1.0)	0.3	0.2
塩化ビニル	30	—	15	(1.0)	0.5
酢酸ビニル	50	70	18	3.5	(1.0)

表 5.3 モノマーに対するラジカルの反応性(成長速度定数 $/10^2 \text{ cm}^3 \text{ mol}^{-1} \text{ s}^{-1}$ (60 ℃))

モノマー \ ポリマーラジカル	スチレン	メタクリル酸メチル	アクリル酸メチル	酢酸ビニル
ブタジエン	158	1547	40000	—
スチレン	123	821	10000	290000
メタクリル酸メチル	237	386	—	190000
アクリロニトリル	308	286	—	480000
アクリル酸メチル	164	—	2090	26000
塩化ビニル	7.2	30	232	13000
酢酸ビニル	2.2	19	279	2900

の反応性は非共役型モノマーからのラジカルよりも低いことが予想される.これはあるモノマーに対する種々のラジカルの反応性を比べればわかるのであるが,共重合実験からはモノマー反応性比 k_{11}/k_{12}, k_{22}/k_{21} は求められても k_{11}/k_{21}, k_{22}/k_{12} が求められない.しかし単独重合の速度定数,例えば k_{11} を別に求めることができれば(その方法については4.8節で議論した),これと r_1 とから k_{12} が得られる.その例を表5.3に示す.予想したように,スチレンからのラジカルに比べ,酢酸ビニルからのラジカルの反応性は非常に高い.こういうわけで,スチレンと酢酸ビニルのラジカル共重合においてモノマーとしての相対反応性はスチレンの方が格段に高いのであるが,それぞれのモノマーを単独に重合させたときにどちらが速く進むかは,共重合反応の結果からは予測できない.

ところで,表5.1のデータについてまだ議論していないモノマーのグループがあった.それは無水マレイン酸,ケイ皮酸メチル,クロトン酸で,表の下の

構造式からわかるように明らかに共役型のモノマーである．にもかかわらず反応性が低い．これらのモノマーがほかのグループと違うところは，二重結合の両側に置換基を持つ（1,2-二置換型）ことである．このタイプのモノマーの重合の成長反応では成長ラジカルとモノマーの間で置換基間の立体的反発が大きく，同じモノマー単位が続く反応が起こりにくいと考えられる（$r_2 = 0$）．

もうひとつ，相対的に反応性の高いグループのモノマー間の共重合では $r_1 < 1$，$r_2 < 1$ となる．つまりあるラジカルは同種のモノマーとよりも異種のモノマーと反応しやすいことを示す．これはモノマーの反応性に対して生成するラジカルの安定化だけでなく，モノマーおよびラジカルの極性因子も寄与していることを示す．例えばスチレンとメタクリル酸メチルの組合せでは，前者のフェニル基はやや電子供与性であるのに対し，後者のエステル基は強い電子求引性である．置換基の同様な効果はそれぞれのラジカルについても考えられるから，あるラジカルはそれと極性の異なるモノマーと反応しやすく，$M_1 \cdot$ は M_2 と，$M_2 \cdot$ は M_1 と反応する傾向が現れるのである．

5.4 コポリマーの構造単位の並び方

上に述べてきたことからわかるように，共重合反応において得られるデータは仕込みモノマーの組成と生成コポリマーの組成との関係であり，ある仮定のもとにモノマーの相対的な反応性と構造との関係を議論してきたのであるが，それだけでなく，生成したコポリマー中の両モノマー単位の並び方についてもある程度推論ができるのである．

極端な場合，$r_1 = 0$，$r_2 = 0$ であるとすると，これは同種のモノマー単位が続いて結合することはなく，2種のモノマー単位が交互に並んだコポリマー，交互共重合体が生成していることを意味する．実験的には，広い範囲にモノマー組成を変えてもそういう構造のコポリマーが生成するのである．表 5.1 の中ではスチレンと無水マレイン酸の組合せについてその傾向が認められる．$r_2 = 0$ のみならず $r_1 \fallingdotseq 0$ である．こうなると 1,2-置換モノマーの反応における立体反発だけでなく，強い電子求引性基を 1,2-位に持つ無水マレイン酸とスチレン

の間に相互作用が生じ，その結果交互構造のコポリマーができる，という考えもある．

一方スチレンと酢酸ビニルの組合せのように $r_1 \gg 1$, $r_2 \fallingdotseq 0$ という場合には M_2 単位が続くことはほとんどなく，

$$\cdots -M_1M_1M_1M_2M_1M_1M_1M_1M_2M_1- \cdots$$

のような構造のコポリマーができているものと考えられる．

比較的最近になって，核磁気共鳴 NMR の測定機器の進歩にともない，コポリマー中のモノマー単位の並び方について具体的なデータが得られる場合が多くなってきた．例えば同じ M_1 の構造単位でも，$M_1M_1M_1$, $M_1M_1M_2$ と $M_2M_1M_2$ では構造単位の中の特定の原子（一般には ^1H や ^{13}C）の示す共鳴の位置が異なり，これら3種が区別でき，それらの含量が測定できる．例えば，M_1 と M_2 が共重合してランダムに配列していれば上記3種の共鳴シグナルがすべて観測できるが，交互共重合体になっていれば $M_2M_1M_2$ のシグナルしか見えないということになる．

5.5 Q-e スキーム

上述のように，ラジカル重合におけるモノマーの反応性は，主としてラジカルの非局在化による安定化（共鳴安定化）の因子と極性の因子によって支配されると考えられる．そこでアルフレー（Alfrey）とプライス（Price）は式 (5.2) の速度定数が次のように表されると仮定した．

$$k_{12} = P_1Q_2\exp(-e_1e_2) \tag{5.15}$$

ここで，P_1 はラジカル1の反応性を表す項，Q_2 はモノマー2の共鳴安定化に関する項，e_1, e_2 は極性項であり，極性項はモノマーと対応するラジカルとで同じであるとする．これから次式が導かれる．

$$r_1 = \frac{k_{11}}{k_{12}} = \frac{Q_1}{Q_2}\exp[-e_1(e_1-e_2)] \tag{5.16}$$

表 5.4 モノマーの Q, e 値

モノマー	Q	e	モノマー	Q	e
スチレン	1.0	-0.8	エチレン	0.015	-0.20
ブタジエン	2.39	-1.05	プロピレン	0.002	-0.78
メタクリル酸メチル	0.74	0.40	塩化ビニル	0.044	0.20
アクリル酸メチル	0.42	0.60	塩化ビニリデン	0.22	0.36
アクリロニトリル	0.60	1.20	酢酸ビニル	0.026	-0.22
無水マレイン酸	0.23	2.25	エチルビニルエーテル	0.015	-1.6

$$r_2 = \frac{k_{22}}{k_{21}} = \frac{Q_2}{Q_1}\exp\left[-e_2(e_2 - e_1)\right] \tag{5.17}$$

そこでスチレンについての $Q_1 = 1$, $e = -0.8$ を基準として,共重合実験によって得られた r_1, r_2 の値からほかのモノマーの Q, e 値が求められている. このようにして得られた Q, e 値は,同じモノマーでも相手モノマーの組合せによって少しずつ異なるがほぼ一定の値を示し,モノマーの反応性を定性的に表す値となる. **表 5.4** にその例を示す. 逆にモノマーの Q, e 値から共重合反応における反応性比を予測することも可能となる.

この表からわかるように共役型モノマーは Q が大きく,非共役型モノマーでは Q は小さい.また電子求引性置換基を持つモノマーは正の e を,電子供与性の置換基を持つモノマーは負の e を持つ.

式 (5.16),(5.17) から

$$\begin{aligned}\ln(r_1 r_2) &= -e_1(e_1 - e_2) - e_2(e_2 - e_1) \\ &= -(e_1 - e_2)^2\end{aligned} \tag{5.18}$$

となる. すなわち極性の差が大きいモノマーの組合せの共重合では $r_1 \times r_2$ が0に近く,コポリマーの交互性が大きくなることを示す. 1,2-二置換型のモノマーでは置換基間の立体反発の寄与が大きく,これは Q, e とは別の要因である. したがって,このタイプのモノマーについての共重合実験のデータから式 (5.16),(5.17) によって Q, e を求めることはできても,その意味ははっきりしない.

column 　共重合体の例

　共重合によって高分子材料の改質や新しい高分子の製造を行うことができる．合成繊維でしばしば問題になるのは，その染色性が絹，羊毛，木綿のような天然繊維に比べて劣ることである．その改善の方法の1つが共重合である．アクリル系合成繊維はアクリロニトリルの重合によってつくられるが，陽イオン染料に染まりやすくするためにはスチレンスルホン酸(**A**)などを，また酸性染料に対してはビニルピリジン(**B**)類を，重合の際にコモノマーとして添加する．ポリエステル合成繊維のポリエチレンテレフタレートでは，重縮合反応の際にスルホン酸基のついたカルボン酸を少量加えてポリエステルにする．

　エチレン-酢酸ビニルコポリマーを加水分解したもの(EVA)は，塩化ビニリデン-塩化ビニルコポリマーとともに，フィルムの酸素透過性が低いので，食品包装材料として用いられる．遷移金属触媒により得られるエチレン-プロピレンコポリマーは，それぞれのホモポリマーと異なりゴムとして用いられる(エチレン-プロピレンゴム，EPR)．遷移金属触媒によるエチレンの重合において，少量のα-オレフィン，例えば1-ブテンを加えると，生成物は少数の短い枝のためにポリエチレン鎖による結晶性が乱れ，密度が低くなる(直鎖状低密度ポリエチレン，LLDPE)．したがって，高圧法による分枝の多い低密度ポリエチレン(LDPE)とも，低圧法による分枝のない高密度ポリエチレン(HDPE)とも異なる性質の材料が得られる．

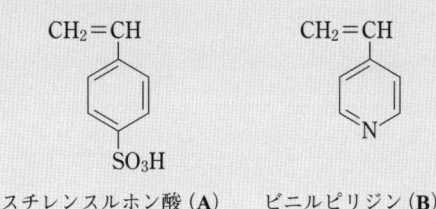

スチレンスルホン酸(**A**)　　　ビニルピリジン(**B**)

5.6　ラジカル重合の可逆性

　ところで前の第4章では触れなかったことであるが，付加重合反応は不可逆で，可逆性はないのだろうか．これはモノマーの構造と反応性の問題とも関連があるので，ここで触れておく．一般的にいえば付加重合反応も可逆であり，

モノマーの種類と反応条件によっては実際このことが観察される.

$$\sim\!\sim\!\sim M_x\!\cdot\; +\; M\; \underset{k_{dp}}{\overset{k_p}{\rightleftarrows}}\; \sim\!\sim\!\sim M_{x+1}\!\cdot \qquad (5.19)$$

つまり成長反応の逆，逆成長反応が起こり，成長ポリマーは成長末端から解重合（depolymerization）していくのである．平衡の位置，つまり系 M・＋M と系 M−M・の安定性の差は温度によって変化する．そして温度が高いと前者の方が安定になる場合には，高温では解重合の方向に反応が進むことになる．いい換えると，高温では重合反応が起こらないのである．この温度はモノマーの構造に依存し，重合が起こらなくなる限界の温度を天井温度（ceiling temperature）という．α-メチルスチレンでは天井温度は 61 ℃ とかなり低い．スチレンでは 310 ℃，メタクリル酸メチルでは 220 ℃ であり，一般のモノマーは，普通の条件では重合は定量的に進行する．α-メチルスチレンではメチル基とフェニル基が同じ炭素上に存在するため，系 M・＋M に対する系 M−M・の安定性の違いが小さくなるものと考えられる．

第6章　付加重合Ⅲ：イオン重合

　ビニル化合物の二重結合に求核的に，または求電子的に付加することのできる化合物も，付加重合の開始剤となり得る．このようにして起こる付加重合をそれぞれアニオン重合，カチオン重合と呼ぶ．これらのイオン重合はラジカル重合とどんな点で違うのだろうか．アニオン重合とカチオン重合との間に本質的な違いはないのか．これらの反応でポリマーの分子量を決める要因は何か．モノマーの構造と反応性の関係についてはどうか．これらについて考える．

6.1　イオン重合と求電子・求核反応

　第4章と第5章で，付加重合が成長ポリマー末端のラジカルとモノマーとの反応の繰り返しによって進む，ラジカル重合について述べた．成長ポリマー末端がフリーラジカルでなくても，モノマーに付加し，その生成物がさらにモノマーへの付加を繰り返すだけの反応性のある化学種であれば，同様の反応は起こるのではないか．

$$-\mathrm{CH_2-CH^*} + \mathrm{CH_2=CH} \longrightarrow -\mathrm{CH_2-CH-CH_2-CH^*} \quad (6.1)$$
$$\phantom{-\mathrm{CH_2-}}|\phantom{\mathrm{CH^*} + \mathrm{CH_2=}}|\phantom{\mathrm{CH} \longrightarrow -\mathrm{CH_2-}}|\phantom{\mathrm{CH-CH_2-}}|$$
$$\phantom{-\mathrm{CH_2-CH^*} + \mathrm{CH}}\mathrm{X}\mathrm{X}\phantom{\longrightarrow -\mathrm{CH_2-}}\mathrm{X}\phantom{\mathrm{CH-CH_2-}}\mathrm{X}$$

　ここで再び有機化学の教科書を復習しよう．実はアルケンへの付加反応としてまず取り上げられるものの1つはHBrのような酸の付加であって，ラジカルの付加ではない．

$$\mathrm{HBr} + \mathrm{CH_2=CH} \longrightarrow \mathrm{CH_3-CH-Br} \quad (6.2)$$
$$\phantom{\mathrm{HBr} + \mathrm{CH_2=}}|\phantom{\mathrm{CH} \longrightarrow \mathrm{CH_3-}}|$$
$$\phantom{\mathrm{HBr} + \mathrm{CH_2=C}}\mathrm{X}\phantom{\mathrm{H} \longrightarrow \mathrm{CH_3-C}}\mathrm{X}$$

この反応はまずHBrのH$^+$がC=Cに付加してカルボカチオンが生じ，これにBr$^-$が結合して生成物になる，求電子付加反応である．

$$\text{H-Br} + \text{CH}_2=\underset{\underset{X}{|}}{\text{CH}} \longrightarrow \left[\text{CH}_3-\underset{\underset{X}{|}}{\text{CH}^+}\right] + \text{Br}^- \longrightarrow \text{CH}_3-\underset{\underset{X}{|}}{\text{CH}}-\text{Br} \qquad (6.3)$$

カルボカチオン

　もしこれが等モルの反応でなくて，HBr に対して多量のアルケンが存在し，カルボカチオンが C=C に付加するだけの反応性を持っているなら，その反応が繰り返し起こりポリマーが生成してもよいのではないか．

　一方，X が電子求引性の基である場合は，C=C は求核付加反応を受けることも知られている．このときは中間にカルボアニオンが生成することが考えられるが，モノマーが多量に存在してカルボアニオンの C=C への付加が繰り返し起これば，やはりポリマーが生成することになろう．

　実際このような例はあるのであって，それをイオン重合 (ionic polymerization) と呼んでいる．「イオン」というと食塩の結晶を構成する Na^+, Cl^-，また食塩を水に溶かしたときの Na^+, Cl^- といったものを考えると思うが，ここでは有機化合物であるモノマーを有機溶媒の中で反応させるわけで，例えば C^+ と Br^- にはっきりと解離しているというわけではない．そもそも共有結合とイオン結合は全く別のものというのでなく，例えば水素 H_2 の H−H は「純粋な」共有結合であるが，臭化水素（常温・常圧で気体）の H−Br は共有結合であっても H が正に Br が負に分極しており，これを水に溶かすと H^+ と Br^- にイオン化するのである．

　したがって「イオン重合」という言葉は必ずしも適切とはいえないのであるが，高分子化学の分野では，「ラジカル重合」との対比もあって，このような語が用いられている．求電子付加の繰り返しに相当する反応をカチオン重合 (cationic polymerization)，求核付加反応の繰り返しに相当する反応をアニオン重合 (anionic polymerization) と呼ぶのである．重合反応が実際に起こるかどうかは，ラジカル重合の場合と同様，モノマーの反応性と成長ポリマー末端の「カチオン」または「アニオン」の反応性に依存する．最初に成長種であるカチオンまたはアニオンを生成させるための開始剤の反応性も重要である．イオ

ン重合における開始剤の役割はラジカル重合の場合と異なっている．ラジカル重合では開始剤分子の共有結合が切れてラジカルが生成するのであるが，イオン重合では開始剤そのものが求電子反応剤，または求核反応剤である．イオン重合においても，求電子種あるいは求核種のC=Cへの付加以外の副反応が起こり得る．

6.2 アニオン重合

有機化学の教科書に出てくる求核付加反応は，まずカルボニル基に対するものであり，これに関連してα, β-不飽和カルボニル化合物C=C−C=Oへの求核付加が扱われる．これは結果的にC=Cへ付加が起こった形の生成物ができるので，付加重合反応との関連が深い．一方求核試薬の方は，まずグリニャール試薬RMgX，次いでアミンが例として必ず出てくるだろう．

α, β-不飽和カルボニル化合物はC=Cから見ると電子求引性のC=O置換基のため反応性が高いが，求核試薬の反応性が高いと電子求引性置換基のないC=Cへも付加が起こる．例えばアルキルリチウムRLiはRMgXよりも反応性が高く，これを開始剤としてスチレンを重合させることができる．この反応はまず負-正に分極したC−Liがスチレンに付加してはじまる．生成物もC−Li結合を持っているので，以下繰り返し付加反応が起こってポリマーができるのである．

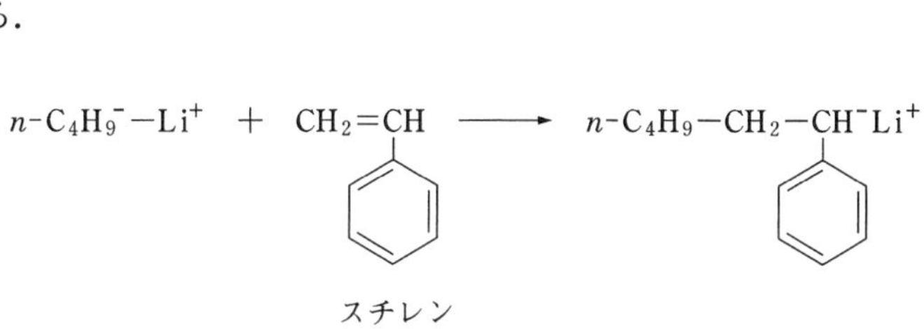

$$n\text{-}C_4H_9^-\text{-}Li^+ + CH_2=CH\text{-}C_6H_5 \longrightarrow n\text{-}C_4H_9\text{-}CH_2\text{-}CH^-\text{-}Li^+ \quad (6.4)$$

スチレン

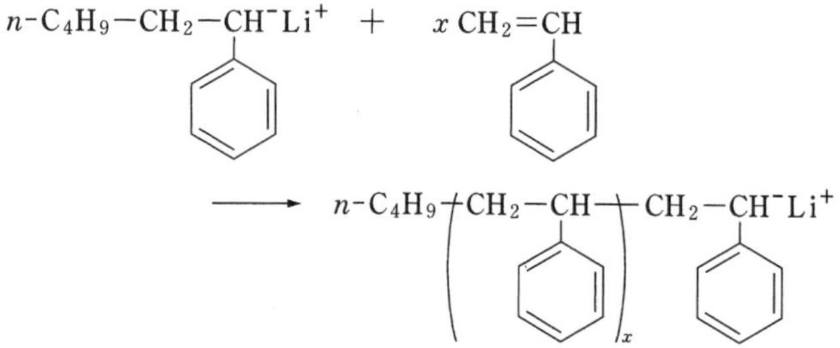

$$n\text{-}C_4H_9-CH_2-CH^-Li^+ \;+\; x\,CH_2=CH\text{-}(C_6H_5)$$

$$\longrightarrow n\text{-}C_4H_9\text{-}(CH_2-CH(C_6H_5))_x\text{-}CH_2-CH^-Li^+ \qquad (6.5)$$

式 (6.4) が開始反応，式 (6.5) が成長反応というわけで，成長ポリマー末端の構造も C^-Li^+ （分極した C–Li 結合）であるが，開始剤のそれとは多少異なっている．成長ポリマー末端の C^- は置換基のフェニル基と共役し安定化している．アニオン重合をしやすいモノマーのほとんどは共役型モノマーである．

　ここでイオン重合とラジカル重合との違いについてまとめて考えておこう．カチオン重合のことは後で述べるわけであるが，アニオン重合反応の ＋，－ を －，＋ に置き換えたと考えればよい．まずすでに述べたことであるが，イオン重合においては，開始反応と成長反応は本質的には同種の反応である．ところで「開始剤」という言葉は果たして適切であろうか．ラジカル重合では開始剤が分解するとその断片はポリマーの末端に結合するだけで，そのほかの反応には関与しない．しかしイオン重合では，式 (6.4), (6.5) に見るように，開始剤の一部分であった Li^+ は成長反応の繰り返しを通じてずっと重合反応に関与するのである．単に「開始」をするだけではない．一方，「触媒」という言葉が使われることも多い．ここでは少量加えることによって反応を速やかに進めるものの意味に使われている．しかし触媒の定義は，反応を加速するがそれ自身は反応の前後で変化しないもの，となっている．だが式 (6.4) の RLi は，その R がポリマー末端に結合してしまうのであり，もはや RLi が元に戻ることはない．そういうわけで，イオン重合を開始させる試剤をどう呼ぶかは，書物によっていろいろになっている．

　もっと重要なことは，ラジカル重合の場合のような成長ポリマー末端同士の反応による停止反応が起こらないことである．同符号のイオン間（あるいは同

符号に分極した原子間)での結合は起こり得ないからである．また，イオン重合では反応溶媒の極性が大きい影響を与える．溶媒は開始剤のRLiの会合状態を変化させたり，成長ポリマー末端への溶媒和などを起こす．もちろん，RLiによるスチレンのアニオン重合を水の中で行うことはできない．少量の水でも反応を起こらなくする．RLiは水やアルコールのようなプロトン性化合物と速やかに反応しRHと水酸化リチウムLiOHが生成するからである．

$$\text{R-Li} + \text{H}_2\text{O} \longrightarrow \text{R-H} + \text{LiOH} \qquad (6.6)$$

LiOHはスチレンの重合を開始させる能力がない．重合反応の途中で水を加えると反応はそこで止まってしまう．

アルキルリチウムRLiによるスチレンの重合では，反応率(重合率)とともに重合度が上昇する．これはスチレンのラジカル重合とは全く異なる現象である．重合が100%進んだときの平均重合度は仕込みモノマーと開始剤のモル比に等しい．分子量の分布は非常にせまく，$\bar{M}_w/\bar{M}_n = 1.01$ といった値になる．これらの事実は次のように考えると説明できる．重合反応では式(6.4)の開始反応と式(6.5)の成長反応のみが起こり，停止反応も連鎖移動反応も起こらない．また開始剤分子の全部が同時に反応し，これに続く成長反応も全成長ポリマー分子について揃って進む．そうすると，モノマーが100%反応したときのポリマーは重合度が[モノマー]$_0$/[開始剤]$_0$の分子のみから成ることになる．またそのときのポリマー分子の成長末端はC^-Li^+の形をしたままである．したがってモノマーが100%反応した後にさらにモノマーを加えると各分子から重合反応が継続し，さらに重合度の上昇が認められるはずである．

このことは実験によって確かめられた．この現象を見出したのはシュヴァルツ(Szwarc)であり，このポリマーはリビングポリマー(living polymer)と名づけられた．ラジカル重合でできたポリマーが「死んでしまった」ものであることとの対比である．リビングポリマーを与える重合反応をリビング重合という．リビングポリマーは，その末端の反応性を利用してポリマーAのあとにモノマーBをつなげて重合させブロック共重合体を合成できるなど，有用であ

表 6.1 アニオン重合をしやすいモノマー

CH$_2$=CH–C$_6$H$_5$	CH$_2$=C(CH$_3$)–C$_6$H$_5$	CH$_2$=CH–CH=CH$_2$	CH$_2$=C(CH$_3$)–CH=CH$_2$
スチレン	α-メチルスチレン	ブタジエン	イソプレン

アクリル酸エステル　CH$_2$=CH–C(=O)OR

メタクリル酸エステル　CH$_2$=C(CH$_3$)–C(=O)OR

アクリロニトリル　CH$_2$=CH–C≡N

ビニルケトン　CH$_2$=CH–C(=O)R

シアン化ビニリデン　CH$_2$=C(C≡N)$_2$

α-シアノアクリル酸エステル　CH$_2$=C(C≡N)–C(=O)OR

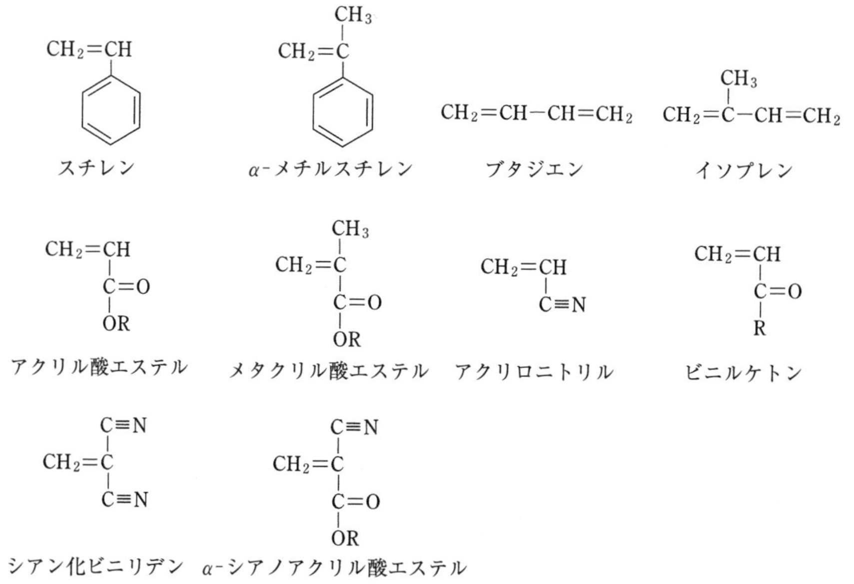

る．これについては後に述べる．

　アニオン重合をしやすいモノマーを**表6.1**にまとめた．2つのグループに大別され，1つはスチレン類，共役ジエン類の共役型炭化水素モノマーである．RLiによって共役ジエンを重合させて得たポリマーは合成ゴムとして用いられる．さらに反応性の高いもう1つのグループは電子求引性基を持つモノマーで，メタクリル酸メチルはその代表である．α-シアノアクリル酸エステルはアニオン重合における反応性が非常に高く，水のような弱い求核試薬でも開始剤となる．このモノマーは空気中の水分によっても重合するので，瞬間接着剤として用いられる．

　エステル基，ケトン基，シアノ基のような極性基を持つモノマーのアニオン重合では，その極性基の存在のために副反応が起こる．例えばRLiによるメタクリル酸メチルの重合では，成長反応は$C^-–Li^+$がC=Cに付加することであるが，これは実際にはα, β-不飽和カルボニル系への共役付加として起こる．

column 用語は文化

　本書での高分子生成反応の分類，縮合重合と付加重合を2つの基本的なタイプとするのは，古くからある常識的なものである．しかし縮合重合のことを重縮合ともいい，同類の反応として重付加があるのだが，「付加重合」と「重付加」がどう違うのか，分野外の者にはわかりそうもない．そこで「重付加」をこそ「付加重合」というべきだという意見もあるようだが，そうなるとこれまでの「付加重合」は何と呼ぶことにするか．だいたい「縮合」の意味が一般の有機化学と違う．アルドール縮合では水も何も失われない．別の切り口で逐次重合と連鎖重合に分ける見方もある．それぞれ縮合重合と付加重合に対応するのだが，逐次（だんだん）反応が進むのが観察できる場合は付加重合でもある（リビングポリマー）．化学一般では逐次反応は $A \rightarrow B \rightarrow C$ を意味し，連鎖反応と対立する概念ではない．要するに高分子化学の用語は，ほかの言葉と同様に，歴史を背負った「文化」なのである．

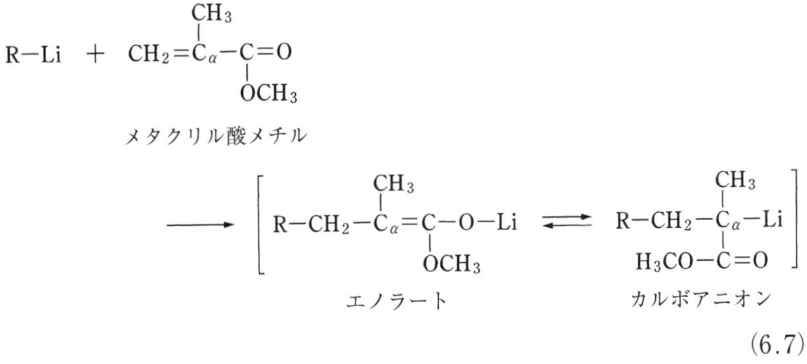

$$R-Li \ + \ CH_2=\underset{OCH_3}{\overset{CH_3}{C_\alpha-C=O}}$$

メタクリル酸メチル

$$\longrightarrow \left[R-CH_2-\underset{OCH_3}{\overset{CH_3}{C_\alpha}}=C-O-Li \ \rightleftarrows \ R-CH_2-\underset{H_3CO-C=O}{\overset{CH_3}{C_\alpha-Li}} \right]$$

エノラート　　　　　　　　カルボアニオン

$$(6.7)$$

生成物はカルボアニオン型よりもエノラート型になっていると考えられる．しかし，これが次のモノマーと反応するときはエノラートの C_α との結合ができる．これはエノラートの反応として一般的なことである．

$$\text{R-CH}_2\text{-C}_\alpha\text{=C(CH}_3\text{)-O-Li} + \text{CH}_2\text{=C(CH}_3\text{)-C(=O)-OCH}_3$$

$$\longrightarrow \text{R-CH}_2\text{-C}_\alpha(\text{CH}_3)(\text{C(=O)OCH}_3)\text{-CH}_2\text{-C}_\alpha(\text{CH}_3)\text{=C-O-Li} \quad (6.8)$$
(OCH$_3$)

こうして結果としてはC=Cが付加した形のポリマーになっていく.

これも α, β-不飽和カルボニル系に一般的なことであるが,上記の共役付加とともにカルボニル基そのものへの求核剤の付加が起こる.

$$\text{R-Li} + \text{CH}_2\text{=C(CH}_3\text{)(C(=O)OCH}_3) \longrightarrow \text{CH}_2\text{=C(CH}_3\text{)-C(R)(OLi)(OCH}_3) \longrightarrow \text{CH}_2\text{=C(CH}_3\text{)-C(R)=O} + \text{CH}_3\text{OLi}$$

ビニルケトン

$$(6.9)$$

実際この反応によってビニルケトンが生成し,ビニルケトンはメタクリル酸メチルよりも反応性が高いので,メタクリル酸メチルの成長ポリマー末端にはビニルケトンが結合して相当するエノラート(カルボアニオン)になるが,その反応性は相対的に低いため(反応性の高いモノマーに相当する成長活性種の反応性が低いことについてはラジカル重合のところで議論した;5.3節参照),ポリマーの末端は実際上ビニルケトンの構造単位になっていることが知られている.式 (6.9) で生成する CH$_3$OLi はメタクリル酸メチルの重合反応を開始できない.

また成長末端のアニオンが同一分子内のエステル基の C=O と反応して,環状構造ができることも知られている.

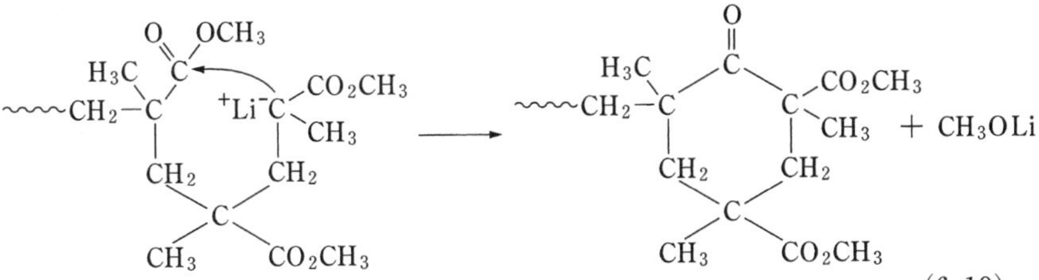

$$\text{(式 6.10 の反応式)} \quad (6.10)$$

このように，極性基のあるモノマーの重合反応は複雑になる．

こうした副反応を避けるために，反応を低温で行うなどの工夫が行われてきたが，最近になってメタクリル酸メチルのリビングポリマーを与える開始剤がいくつか見出されてきた．ここではその中から有機化学反応との関連で興味深い例をあげる．

1つは成長活性種がリチウムエノラート（式 (6.7), (6.8)）の代りにシリルエノラートである反応である．開始剤自体，シリルエノラートが用いられる．また成長活性種の反応性を高めるため HF_2^- のような触媒が用いられる．

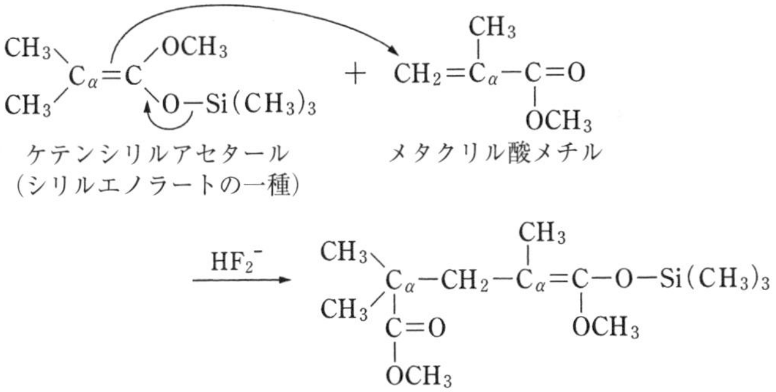

$$\text{(式 6.11 の反応式)} \quad (6.11)$$

ケテンシリルアセタール（シリルエノラートの一種） ＋ メタクリル酸メチル

式 (6.11) のシリルエノラートとモノマーとの反応が同じように繰り返されると，結果的に C=C が付加した形のポリマーが生成する．この式 (6.11) の $Si(CH_3)_3$ を Li と置き換えると，式 (6.8) と全く同じ形の反応であることに注目してほしい．O−Li 結合と O−Si 結合を比べると前者の方はイオン結合性が，後者の方は共有結合性が大きい．しかし，式 (6.11) では触媒の HF_2^- が Si に配位し，O−Si 結合のイオン性が高められていると考えられる．

この反応はデュポン (du Pont) 社のウェブスター (Webster) らにより見出され, グループトランスファー重合 (group transfer polymerization, GTP) という新概念として提唱された. その意味は, $Si(CH_3)_3$ という基 (group) が成長反応にともない同じポリマー分子の端から端へと移動 (transfer) していくということである. ところが後の研究によって, $Si(CH_3)_3$ 基は同じポリマー分子の中で移動するとは限らず, 異なる分子の間で $Si(CH_3)_3$ 基が交換し得ることがわかった. その意味でも Li 系の反応と本質的な違いはない. この系の特徴は, シリルエノールエーテルの温和な反応性のため副反応が起こらず, 低温にしなくてもリビングポリマーが生成することである.

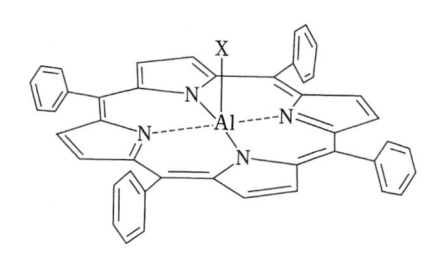

6-I

もう1つの例はアルミニウムエノラートを成長活性種とする反応である. アルミニウムエノラートにポルフィリンが配位していることが重要である. 例えば, CH_3-Al 結合を有するアルミニウムポルフィリン錯体 (**6-I**, $X = CH_3$) を開始剤として用い, メタクリル酸メチルを加えて可視光を照射すると相当するエノラートが生成し, モノマーへの付加が繰り返し起こる. 副反応がなく, リビングポリマーが生成する.

$$(P)Al-CH_3 + CH_2=\underset{OCH_3}{\overset{CH_3}{C}}-C=O \longrightarrow (P)Al-O-\underset{CH_3}{\overset{OCH_3}{C}}=C-CH_2-CH_3$$

(P): ポルフィリン　　メタクリル酸メチル　　　　　　　　(6.12)

この重合反応系では, 成長ポリマー末端の (P) Al 基が分子間で速やかに交換していることがわかっている. この系の特徴は, リビングポリマーができるモ

ノマーの範囲が Li 系, Si 系に比べて広いことである. このことについては第8章で述べる.

6.3 カチオン重合

カチオン重合をしやすいモノマーは電子供与性の置換基を持つものである (表 6.2). スチレン誘導体はラジカル重合, アニオン重合, カチオン重合のいずれの機構によっても重合するわけで, フェニル基の存在がどの機構においても成長活性種の安定化に大きく寄与することを示す. アニオン重合しやすい極性モノマーは共役型でもあるので (表 6.1), ラジカル重合における反応性も高い. しかしイソブテンやビニルエーテルは非共役型で電子供与性基を持つためカチオン重合しかしない. イソブテンのポリマーは合成ゴムとして用いられるが, カチオン重合によってつくられる.

カチオン重合もイオン重合であるから, ラジカル重合と比べたときの一般的な特徴の多くはアニオン重合と共通している. 最も異なるのは次に述べるような連鎖移動反応が起こりやすいことである.

例えば開始剤として強い酸であるトリフルオロメタンスルホン酸 CF_3SO_3H

表 6.2 カチオン重合をしやすいモノマー

スチレン　α-メチルスチレン　イソブテン（イソブチレン）

ビニルエーテル　N-ビニルカルバゾール

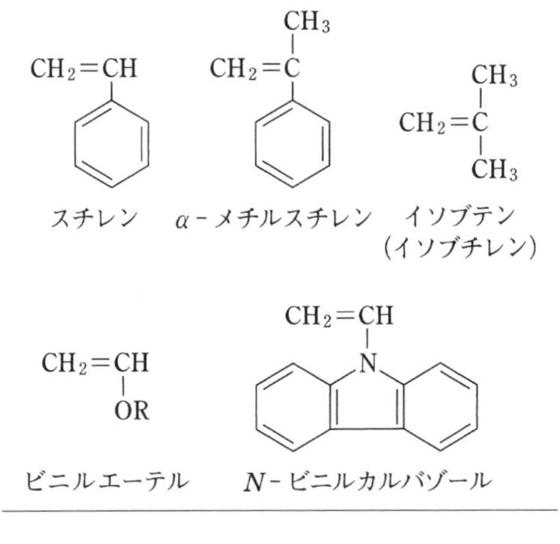

を用いたとすると，

$$CF_3SO_3H + CH_2=CH(X) \longrightarrow H-CH_2-CH^+(X)\cdot{}^-O_3SCF_3 \qquad (6.13)$$

これが開始反応で，生成したカルボカチオンのモノマーへの付加が繰り返し起これば，ポリマーが生成することになる．もっともこの成長活性種は，アニオン重合のところで議論したように，正負のイオンに解離しているというよりは，分極した共有結合に近いのかも知れない．その状況はモノマーの構造と開始剤の構造に依存する．開始剤の一部である H はポリマーの一端に結合するが，ほかの部分は上の例では $CF_3SO_3^-$ として成長末端に存在する．実際，本章の冒頭で HBr がカチオン重合の開始剤になってもよいのではないか，と述べたが，式 (6.3) では一般には生成した C−Br 結合は共有結合そのものなので，これをイオン的に解離させる条件がない限り（このことについては後に述べる）反応は C−Br の生成で止まってしまう可能性が高い．CF_3SO_3H のような強い酸では $CF_3SO_3^- + H^+$ と解離しやすいのだから，CF_3SO_3-C（スルホン酸エステル）も $SO_3^- + C^+$ となる傾向が強いであろう．一般的にいえばやはり，正-負と分極した成長末端がモノマーへ求電子的に付加する反応である，と理解しておくのがよいだろう．

問題の連鎖移動反応は，成長末端の β-位にある C−H 結合が求核試薬による脱離を受けやすいことによって起こる．例えば

$$\cdots-CH_2-CH(X)-C_\beta H(H)-CH^+(X)B^- \longrightarrow \cdots-CH_2-CH(X)-C(H)=CH(X) + H-B \qquad (6.14)$$

ここで生成した H−B が再び酸として重合反応を開始することができれば，式 (6.14) は連鎖移動反応となる．もし H−B が安定な化合物であると，式 (6.14) により重合反応は停止してしまう．そのいずれになるかは B の構造に依存する．もちろん式 (6.14) の反応の起こりやすさも B に依存する．一般的には，この反応（β-位からのプロトンの引抜き）は起こりやすいので，カチオンでは高

重合度のポリマーは生成しにくい．C−Hの求電子的脱離（H^-の引抜き）は起こりにくいので，アニオン重合には式 (6.14) のような連鎖移動や停止反応が起こりにくいのである．この副反応を避けて高重合度のポリマーを得るために，反応を低温で行うことが多い．イソブテンからの合成ゴム（ブチルゴム）は $-100\,^\circ\mathrm{C}$ という低温での重合反応によって製造される．

この連鎖移動反応が非常に起こりやすいと，2量体のみが生成することになる．これは有機化学の教科書にアルケンの二量化として記述されている．イソブチレンに適当な条件下で硫酸を作用させると，2量体（2種の C_8 アルケン）が生成する．

$$CH_2=\underset{CH_3}{\overset{CH_3}{C}} + \underset{酸}{H-B} \longrightarrow CH_3-\underset{CH_3}{\overset{CH_3}{C^+}} + B^- \qquad (6.15)$$

イソブチレン

$$CH_3-\underset{CH_3}{\overset{CH_3}{C^+}} + CH_2=\underset{CH_3}{\overset{CH_3}{C}} \longrightarrow CH_3-\underset{CH_3}{\overset{CH_3}{C}}-CH_2-\underset{CH_3}{\overset{CH_3}{C^+}} \qquad (6.16)$$

$$CH_3-\underset{CH_3}{\overset{CH_3}{C}}-CH_2-\underset{CH_3}{\overset{CH_3}{C^+}} + B^-$$

$$\longrightarrow CH_3-\underset{CH_3}{\overset{CH_3}{C}}-CH=\underset{CH_3}{\overset{CH_3}{C}} \quad \text{または} \quad CH_3-\underset{CH_3}{\overset{CH_3}{C}}-CH_2-\underset{}{\overset{CH_3}{C}}=CH_2 + H-B$$

$$(6.17)$$

式 (6.17) でカルボカチオンの β-位の C−H は2通りあるから，脱離によって生成するアルケンは2種類になる．この反応で，H−B は反応の前後で元に戻るので酸は触媒として働くことになる．一方，先ほどから使ってきた言葉ではH−B は開始剤であった．開始剤中の H は式 (6.17) の生成物の左端に付くのであって，脱離する H はこれとは異なる H であるが，たまたま式 (6.17) の

反応で再生するのが H−B なので，触媒ということになるわけである．これは，プロトン酸によって開始されるカチオン重合（式 (6.13) のカルボカチオンがモノマーへの付加を多数繰り返したあと式 (6.14) の反応が起こる）についても同じことである．

カルボカチオンの関与する反応として，フリーデル-クラフツ反応がよく知られている．これは芳香族環の C−H に対するカルボカチオンの求電子置換反応である．カチオン重合を芳香族系溶媒の中で行うとこれが起こり，連鎖移動反応となることが知られている．

$$\cdots-CH_2-CH^+B^- + \bigcirc \longrightarrow \cdots-CH_2-CH-\bigcirc + H-B$$
$$\qquad\qquad X \qquad\qquad\qquad\qquad\qquad\qquad X$$

(6.18)

スチレンの重合では分子内でこの反応が起こることがあることもわかっている．

(6.19)

また，カルボカチオンがより安定になろうとして第1級，第2級から第3級の構造に変化しようとするため，分子内での H^- の移動（転位）が起こる場合があることが知られているが，カチオン重合でも同様な転位反応が起こることがある．例えば 3-メチル-1-ブテンの重合において次のような反応が起こり，

$$R^+ + CH_2=CH \longrightarrow R-CH_2-CH^+ \longrightarrow R-CH_2-CH_2$$
$$\qquad\qquad\quad | \qquad\qquad\qquad\quad | \qquad\qquad\qquad\quad |$$
$$\qquad\qquad\quad CH \qquad\qquad\qquad CH \qquad\qquad\qquad C^+$$
$$\qquad\qquad H_3C\ \ CH_3 \qquad H_3C\ \ CH_3 \qquad H_3C\ \ CH_3$$
$$\qquad\qquad\qquad\qquad\qquad\quad 第2級カルボカチオン\quad 第3級カルボカチオン$$

(6.20)

$$R-CH_2-CH_2-\underset{\underset{CH_3}{\overset{|}{C}H_3}}{\overset{+}{C}} + CH_2=\underset{\underset{CH_3}{\overset{|}{C}H_3}}{\overset{|}{C}H} \longrightarrow R-CH_2-CH_2-\underset{\underset{CH_3}{\overset{|}{C}H_3}}{\overset{\overset{CH_3}{|}}{C}}-CH_2-\underset{\underset{CH_3}{\overset{|}{C}H_3}}{\overset{|}{C}H^+}$$

(6.21)

通常のC=Cが付加したものとは異なる構造を含むポリマーが生成する．

　開始剤として実際に用いられるのは，プロトン酸（ブレンステッド酸）よりもルイス酸の方が多い．ルイス酸はプロトン酸よりも広義の酸で電子対を受けとりやすい化合物のことであり，代表的なものとしてはBF_3，$AlCl_3$，$SnCl_4$ などがある．これらは単独で重合を開始することはなく，プロトンやカルボカチオンを生成する可能性のある化合物が共存することが必要である．後者の例は水，アルコール，ハロゲン化アルキルなどである．後者の側から見ると，水，アルコールはきわめて弱いプロトン酸であって，カチオン重合を開始することはできない．ハロゲン化アルキルのC-ハロゲン結合は共有結合性が強い．あるいは，水，アルコールの酸素原子，ハロゲン化アルキルのハロゲン原子は電子対を与える性質を持つからルイス塩基である．ルイス塩基はルイス酸に配位する．そうすると配位した水，アルコールのO-H，ハロゲン化アルキルのC-ハロゲン結合の分極が強まり，イオン化しやすくなるのである．

$$H_2O + AlCl_3 \longrightarrow \underset{H}{\overset{H}{>}}O \rightarrow AlCl_3 \longrightarrow H^+ + AlCl_3(OH)^- \quad (6.22)$$

$$R-Cl + SnCl_4 \longrightarrow R-Cl \rightarrow SnCl_4 \longrightarrow R^+ + SnCl_5^- \quad (6.23)$$

このH^+，R^+が重合を開始する．この意味ではルイス酸は水，アルコール，ハロゲン化アルキルが開始剤となる能力を強める働きをしているともいえるが，ここでも触媒という言葉がしばしば使われ，ルイス酸の方を触媒，水，アルコール，ハロゲン化アルキルを共触媒と呼ぶこともある．実際にはいま見たように，両方が主役を演じているのである．

式 (6.22), (6.23) において H^+ や R^+ に対応するアニオン $AlCl_3(OH)^-$, $SnCl_5^-$ は, もちろん成長反応を通じて成長ポリマー末端のカチオンの相手 (対イオン：counter ion) として存在する. これは成長反応の速度などに大きい影響を与える. また対イオンの中のどれかの基が成長ポリマー末端のカチオンに求核的に反応して安定な結合をつくれば, それは停止あるいは連鎖移動反応となる.

$$\cdots-CH_2-\underset{X}{CH^+}\ AlCl_3(OH)^- \longrightarrow \cdots-CH_2-\underset{X}{CH}-OH\ +\ AlCl_3 \qquad (6.24)$$

$$\cdots-CH_2-\underset{X}{CH^+}\ SnCl_5^- \longrightarrow \cdots-CH_2-\underset{X}{CH}-Cl\ +\ SnCl_4 \qquad (6.25)$$

停止と連鎖移動のいずれになるかは, ルイス酸, および X に依存するポリマー末端の C-OH, C-Cl の反応性による. 一般に, ハロゲン化アルキルとルイス酸の組合せでできる活性種の対イオン (の中の基) は求核性が低く, 高重合体の合成に適している.

「開始剤」として働くハロゲン化アルキルが連鎖移動剤にもなることがある.

$$\text{Ph}\underset{CH_3}{\overset{CH_3}{-C-}}Cl\ +\ BCl_3 \longrightarrow \text{Ph}\underset{CH_3}{\overset{CH_3}{-C^+}}\ +\ BCl_4^- \qquad (6.26)$$

$$\text{Ph}\underset{CH_3}{\overset{CH_3}{-C^+}}\ +\ CH_2=\underset{CH_3}{\overset{CH_3}{C}} \longrightarrow \text{Ph}\underset{CH_3}{\overset{CH_3}{-C-}}CH_2-\underset{CH_3}{\overset{CH_3}{C^+}} \qquad (6.27)$$

$$\text{Ph}\underset{CH_3}{\overset{CH_3}{-C-}}CH_2-\underset{CH_3}{\overset{CH_3}{C^+}}\ +\ \text{Ph}\underset{CH_3}{\overset{CH_3}{-C-}}Cl$$

$$\longrightarrow \text{Ph}\underset{CH_3}{\overset{CH_3}{-C-}}CH_2-\underset{CH_3}{\overset{CH_3}{-C-}}Cl\ +\ \text{Ph}\underset{CH_3}{\overset{CH_3}{-C^+}} \qquad (6.28)$$

この反応が起こるのも第3級カルボカチオンの安定性によっている．

このように，カルボカチオンの特性，中でもβ-位のプロトンの脱離反応によって，カチオン重合では連鎖移動が起こりやすい．しかしそれは対アニオンの求核性などに依存するので，適当な反応性の開始剤，成長活性種を選べば，連鎖移動や停止のない反応が起こってリビングポリマーが生成することも期待できる．

実際，カチオン重合をするモノマーの代表であるビニルエーテルについて，開始剤としてヨウ化水素を用い，ヨウ素を共存させると，分子量が反応率とともに増大し，分子量分布がせまいポリマーが得られることがわかった．この系でヨウ化水素のみではビニルエーテルへの付加が起こるだけである．生成するC－I結合は共有結合性が高くもはやモノマーとは反応しない．

$$\underset{\text{ヨウ化水素}}{\text{HI}} + \underset{\underset{\text{ビニルエーテル}}{\text{OR}}}{\text{CH}_2=\text{CH}} \longrightarrow \underset{\text{OR}}{\text{CH}_3-\text{CH}-\text{I}} \tag{6.29}$$

ここにヨウ素が存在すると相互作用があってC－I結合の分極が増し，モノマーへの付加が起こるようになり，これが繰り返されてポリマーになる．

$$\underset{\text{OR}}{\text{CH}_3-\text{CH}-\text{I}} + \text{I}_2 \longrightarrow \left[\underset{\text{OR}}{\text{CH}_3-\text{CH}-\text{I}\cdots\text{I}_2} \longleftrightarrow \underset{\text{OR}}{\text{CH}_3-\text{CH}^+\ \text{I}_3^-}\right] \tag{6.30}$$

$$\underset{\text{OR}}{\text{CH}_3-\text{CH}-\text{I}\cdots\text{I}_2} + \underset{\text{OR}}{\text{CH}_2=\text{CH}} \longrightarrow \underset{\text{OR}}{\text{CH}_3-\text{CH}}-\underset{\text{OR}}{\text{CH}_2-\text{CH}-\text{I}\cdots\text{I}_2} \tag{6.31}$$

6.4 イオン共重合

ラジカル重合では，モノマーに相当するラジカルの共鳴安定化の程度がモノマーの反応性を支配する主な要因であることを述べた．次いでモノマーおよびラジカルの極性の寄与がある．スチレンがラジカル，アニオン，カチオンのいずれの機構によっても重合することからわかるように，成長活性種の共鳴安定化はイオン重合においても重要であるが，極性の寄与はさらに大きい．これは

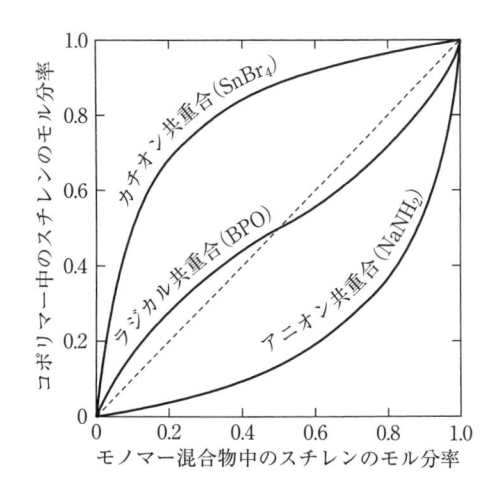

図 6.1 スチレンとメタクリル酸メチルの共重合における，重合反応のタイプとコポリマーの組成．BPO：過酸化ベンゾイル

成長末端の極性が大きい（イオン，または分極した共有結合）ことを考えると当然であろう．

実例としては，いずれも共役型のモノマーであるスチレンとメタクリル酸メチルとを，開始剤を変え，ラジカル，アニオン，カチオンの3つの異なる機構で共重合させてみるとよくわかる（**図6.1**）．5.3節で述べたように，ラジカル共重合ではこれらのモノマーの反応性は同程度である．これに対し $NaNH_2$ を開始剤とするアニオン共重合では，電子求引性基を持つメタクリル酸メチルに富んだコポリマーが生成する．一方 $SnBr_4$ を開始剤とするカチオン共重合では，スチレンのホモポリマーの組成に近いコポリマーができてくる．

第7章 遷移金属触媒による付加重合とポリマーの立体規則性

ビニル化合物からのポリマーの分子には，数多くの不斉炭素が存在し，ポリマーには数多くの立体異性体があり得る．1950年代半ばに，プロピレンの重合において同一の立体配置の不斉炭素のみから成るポリマーを与える遷移金属系触媒が発見され，高分子化学に新しい分野を拓いた．この立体特異性重合はどうして起こるのかについて考える．また共役ジエンの重合におけるポリマーの幾何異性に関する問題についても考える．

7.1 エチレン・プロピレンの重合触媒

炭素-炭素二重結合を持つ化合物の付加重合について，ラジカル機構とイオン機構とがあり，それぞれに対して反応しやすいモノマーのタイプがあることを見てきた．これらは表5.1，6.1，6.2にまとめられている．これらの表に出ていないもので最も単純な構造のものにエチレンとプロピレンがある．どちらも非共役型のポリマーである．しかしエチレンは高温・高圧の条件ではラジカル重合し，ポリエチレンが実際この方法で生産されていることは述べた．一方プロピレンはメチル置換基の関与する反応のため，同様の条件でポリマーはできない．プロピレンのメチル基は電子供与性であるが，メチル基を2つ持つイソブテンと違ってカチオン重合の条件でも高重合体はできない．

このように重合反応性の低いエチレン，そしてこの厄介なプロピレンさえも，常温・常圧で重合させる能力がある，それまで考えもつかなかった触媒が，1950年代の半ばに偶然のことをきっかけにして発見された．この章の題が示すように，それは遷移金属が主役を演じる系である．この系は発見者の名をとってチーグラー (Ziegler) 触媒と呼ぶ．

それは四塩化チタン $TiCl_4$（液体）とトリエチルアルミニウム Et_3Al（液体）

> **column**
>
> ### ノーベル賞は偶然から
>
> 　1950年ごろドイツのチーグラーは，トリエチルアルミニウムとエチレンの反応を調べていた．エチル-アルミニウム結合がエチレンに付加するが数回程度の繰り返しで終り，ブテン，ヘキセン，オクテンなどの混合物が生成する．ところがある日の実験で，ブテンだけが生成するという不思議なことが起こった．よく調べてみると反応に使ったステンレス鋼の耐圧容器を以前硝酸で洗ったことがあり，鋼に含まれているニッケルが溶け出し，十分に水洗しなくて残ったための「いたずら」だとわかった．ここで終ればそれまでだった．しかしチーグラーはニッケル以外の遷移金属の効果についても網羅的に調べることにした．その結果チタン塩の存在下でのポリエチレンの生成が発見された．これをプロピレンに適用しアイソタクチック・ポリマーの生成を発見したイタリアのナッタ（Natta）とともに，チーグラーは1963年ノーベル化学賞を受けた．

を炭化水素溶液の中で混ぜるとできる黒色の沈殿である．これにエチレン（気体）を吹き込むとポリエチレンができるのである．このポリエチレンには，ラジカル重合（高圧法）でつくったものと違って枝がなく，固体の密度が高い．両方のポリエチレンは性質が違うので用途も違い，現在 高圧法，低圧法の両方でポリエチレンが生産されている．

　このすばらしい発見以来多くの人が多くの関連する研究をし，発展させたのは当然である．しかし，黒い沈殿そのものの正体は今でもはっきりしたとはいえない．けれども，$TiCl_4$ の4価の Ti は Et_3Al によって還元されて3価の Ti となり，これが主役を演じていることはほぼ確かである．遷移金属元素の特徴はd軌道に電子を持つことであり，原子価が変化しやすいことである．Ti(III) には電子のつまっていない，空のd軌道がある．ここへエチレンの二重結合のπ軌道の電子が入ってくる．つまりエチレンが Ti に配位するのである．そうするとエチレンの電子密度が下がって求核基との反応が起こりやすくなる．そしていまの場合この求核基は，$TiCl_4$ と Et_3Al の反応でできた Ti-Et 基である．これは当然，Ti が正に，Et が負に分極しているであろう．反応はこの Ti-Et が，

7.1 エチレン・プロピレンの重合触媒

Ti に配位して反応性の高くなったエチレンに付加することではじまる.

$$\underset{\underset{\text{Ti}-\text{Et}}{\downarrow}}{\text{C}=\text{C}} \longrightarrow \text{Ti}-\text{C}-\text{C}-\text{Et} \tag{7.1}$$

この生成物の Ti に配位した C=C に Ti-C が付加する (Ti-C に C=C が挿入する, ともいう) ことが繰り返し起これば, ポリエチレンが生成することになる. この反応では成長ポリマー末端は Ti に対して負に分極した C であるから, これはアニオン重合の一種であるということになる. モノマーの Ti への配位がとくに重要であるという意味で, この型の反応は配位アニオン重合と呼ばれる.

停止あるいは連鎖移動反応は, β-水素の脱離 (この場合は H^- として) により起こる.

$$\cdots-\text{CH}_2-\text{CH}_2-\text{CH}_2-\text{CH}_2-\text{Ti} \longrightarrow \cdots-\text{CH}_2-\text{CH}_2-\text{CH}=\text{CH}_2 + \text{H}-\text{Ti} \tag{7.2}$$

系に水素 H_2 を加えるとこれが遷移金属に配位して活性化され, 次の反応を起こす.

$$\cdots-\text{CH}_2-\text{CH}_2-\text{Ti} + \text{H}_2 \longrightarrow \cdots-\text{CH}_2-\text{CH}_3 + \text{H}-\text{Ti} \tag{7.3}$$

これも連鎖移動反応となり得るわけで, 実際 遷移金属触媒によるオレフィンの重合においては, 水素を加えることによってポリマーの重合度を調節する.

その後すぐ, 類似の Ti 系触媒によってプロピレンも常温・常圧で容易に重合することがわかった. 式 (7.1) と同様の反応が起こり得るだろうから, 当然ともいえよう. 付加したプロピレンは $\text{CH}(\text{CH}_3)$ でなく CH_2 のところで Ti と結合する.

$$\underset{\underset{\text{Ti}-\text{Et}}{\downarrow}}{\overset{\overset{\text{CH}_3}{|}}{\text{CH}_2=\text{CH}}} \longrightarrow \text{Ti}-\text{CH}_2-\overset{\overset{\text{CH}_3}{|}}{\text{CH}}-\text{Et} \tag{7.4}$$

これはこれまでに述べたラジカル重合, アニオン重合, カチオン重合の場合の

付加の向きと逆になっている．Ti系によるプロピレンの重合はアニオン重合の性格を持っているが，メチル基は電子供与性であるから，Tiに$CH(CH_3)$が結合するよりはCH_2が結合する方がより安定なため，と考えることができる．しかしプロピレンの重合について重要なことは別にあった．そのことのためにチーグラー触媒の発見は，抜本的に新しい分野を拓くことになったのである．

7.2 立体特異性重合

プロピレンの重合にチーグラー触媒を適用したのはナッタである．触媒系は$TiCl_3$（固体）-Et_3Alである．興味深いことに，この系でできたポリプロピレンはX線回折像をとったところ結晶性であることがわかった．そしてその解析の結果，ポリマーの主鎖に関して置換基のメチル基が全部同じ側にある構造であることがわかった．付加重合のポリマーは鎖状であるが，主鎖の結合が直線的につながっているわけではもちろんない．有機化合物では結合と結合の間にはある定まった角度があるからである．知っているように，炭素の4つの結合は炭素を中心として4面体の頂点の方向を向いている．このような立体構造を平らな紙面の上に描いてイメージすることは慣れないと少し難しいかも知れない．なるべくわかりやすいように見取り図で描くと，ポリエチレンは左のような構造になる．ここでC-Cは紙面上にあり➡HはそのHが紙面の手前に出ていることを，…Hは背後に出ていることを示す．この構造を紙面と平行の方向から見ると

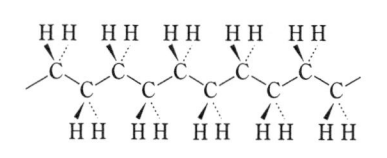

のように見える．これを投影式という．

プロピレンのポリマーの場合はメチル基があるから，見取り図でいえばそれが紙面の前に出ているのか後ろを向いているか，投影式でいえばメチル基が上

にあるのか下にあるのか，という問題が生じる．この問題については，付加重合でできるポリマーを式 (4.1) で示してきたように一般的なことである．付加重合のポリマーには莫大な数（重合度が x なら 2^x）の立体異性体が存在する可能性がある．そのことは有機化学として当然のことであったが，置換基は主鎖の両側にランダムに結合していると，証拠があるわけではないが，考えられてきた．そこに TiCl$_3$-Et$_3$Al 系でできたポリプロピレンが立体規則性 (stereo-regular) であるという発見が出て，ポリマーの立体化学の問題はにわかに脚光を浴びることになった．

この構造

$$\cdots-CH_2-\underset{H}{\overset{CH_3}{C}}-CH_2-\underset{H}{\overset{CH_3}{C}}-CH_2-\underset{H}{\overset{CH_3}{C}}-CH_2-\underset{H}{\overset{CH_3}{C}}-CH_2-\underset{H}{\overset{CH_3}{C}}-\cdots$$

はアイソタクチック（またはイソタクチック：isotactic) 構造と名づけられた．一方，置換基が交互に前後（上下）を向いた構造をシンジオタクチック (syndiotactic) 構造という．後にその実例も出てきた．立体的に規則性のない構造はアタクチック (atactic) 構造という．

立体規則性ポリマーのできる重合反応のことを，立体特異性重合 (stereo-specific polymerization) という．ポリマーの立体規則性の直接の証拠は結晶の X 線構造解析によって得られるが，現在では核磁気共鳴 (NMR) の測定によってポリマー分子中の構造単位の立体化学についての情報を得ることができる．例えばポリプロピレンについては，

$$-\underset{H}{\overset{CH_3}{C}}-CH_2-\underset{H}{\overset{CH_3}{C}}-\qquad -\underset{H}{\overset{CH_3}{C}}-CH_2-\underset{CH_3}{\overset{H}{C}}-$$

の 2 種のメチレン基の ^{1}H あるいは ^{13}C-NMR の共鳴シグナルが区別できる．それらの強度比からポリマー分子鎖の中のアイソタクチックおよびシンジオタクチック構造の割合が求められる．

アイソタクチック・ポリマーが実際に生成するのは，実に不思議なことに思

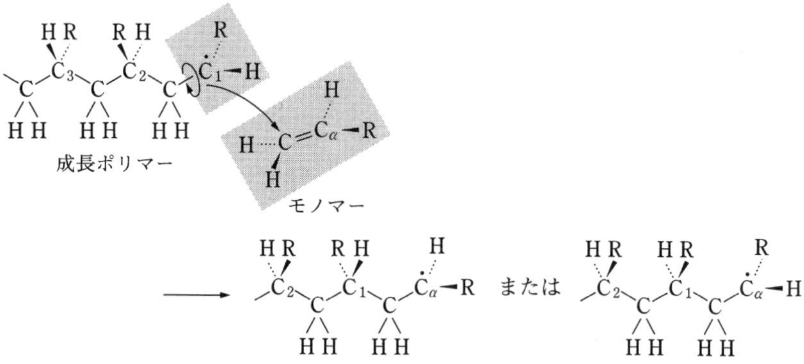

図 7.1 ラジカル重合反応の立体化学

われる．ここで付加重合として最も一般的なラジカル重合のことを考えてみよう．ラジカル重合における成長末端の立体構造を見取り図で描いてみよう（図7.1）．成長ポリマーの C_2 と C_3 の立体化学的関係はすでに決まっている．しかし C_1 と C_2 との関係は C_1 がモノマーと結合したときに決まる．成長末端のラジカルは平面構造であり，C–C_1 結合は回転できる．したがって C_1 とモノマーが結合するときに，C_1 の R と C_2 の R とが反対側に来る形になっている方が有利ではないだろうか．R は H よりも大きく，立体反発を避けるには互いに遠い方がよく，また極性基であればやはり同じ極性の基は互いに遠い方がよいのではないだろうか．このような考察からは，ポリマー分子の中で隣り合う置換基は互いに反対方向を向いている可能性が高いことになる．この有利・不利の差が通常はそれほど大きくないので，実際にはアタクチック・ポリマーが生成するが，ラジカル重合を低温で行うとシンジオタクチック連鎖に富むポリマーが生成することも知られている．

7.3 立体特異性重合の機構

そうすると，アイソタクチック・ポリマーの生成には全く異なる原理の立体制御機構が働いていると考えなければなるまい．実際，このきわめて興味深い現象の解釈に関して多くの仮説が提出されてきた．$TiCl_3$ は結晶性の固体であ

7.3 立体特異性重合の機構

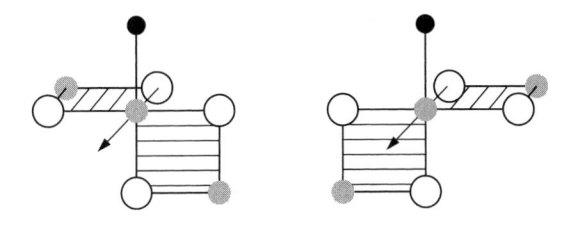

図 7.2 6配位金属中心の不斉サイトのモデル（理解しやすくするために斜線を入れた）
◎：Ti原子　　○：Cl原子　　●：C原子　　↙：空の配位座

り，これと Et_3Al とが反応してできた固体の表面で式 (7.4) の反応が起こるものと考えられるが，この式は反応の立体化学については何も説明していない．

初期に提案された考えは，$TiCl_3$ の結晶構造が重要と考えるものであった．結晶の中で Ti 原子は 6 個の Cl 原子にとり囲まれ，配位を受けている．これらの Cl 原子はまた隣りの Ti 原子にも配位している……という形で結晶が構成されている．しかし反応はおそらく結晶の表面で起こるであろう．そこには 1 個の空いた配位座があり，また残る 5 個の Cl のうち 1 個は表面に出ていて配位すべき相手の Ti がない．こういう状態の Ti とその周辺の構造を描いたのが**図 7.2** である．注目すべきことに，この構造には左右 2 通りの形があり得る．図 7.2 の左右 2 つの構造は，重ね合わせることができない．ぜひ自分でやってみてほしい．例えばまん中の Ti 原子を通る縦の軸を中心に右の構造を 180° 回転させると，図で正方形に見えている部分が重なるが，空の配位座（⟶ 印）とその反対側の Cl 原子の向きが，左の構造とは逆になってしまう．

このような Ti のところで Et_3Al との反応が起こると考える（式 (7.5)）．

$$Cl-\underset{\underset{Cl}{|}}{\overset{\overset{Cl}{|}}{Ti}}-\square \;+\; Et_3Al \longrightarrow Cl-\underset{\underset{Cl}{|}}{\overset{\overset{Cl}{|}}{Ti}}\cdots\underset{\underset{Et\;Et}{|}}{\overset{Et}{Al}}$$

$$\longrightarrow Cl-\underset{\underset{Cl}{|}}{\overset{\overset{Cl}{|}}{Ti}}-Et \;+\; Et_2AlCl \qquad (7.5)$$

Ti-Et 結合が生成し，Ti には空の配位座がある．ここにプロピレンが配位する．ところで，プロピレンが配位するときに，二重結合の平面には表裏がある．ちょっと不思議に思われるかも知れないが，プロピレンが Ti に配位した形には2通りあるのである．

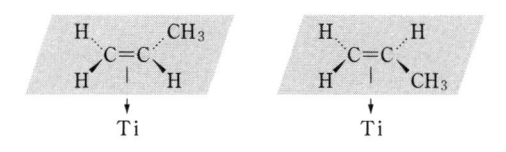

メチル基の付いている炭素原子を中心に見ることにする．Ti の位置は同じ下側にあるが，C=C, CH$_3$, H の並び方の順は左の構造では時計回り（右回り），右の構造では反時計回り（左回り）になる．上では表裏と書いたが，プロピレンの二重結合の面の両側は互いに「潜在的に」左右の関係（プロキラル）にある．

したがって図7.2のように左右のある Ti にプロピレンが配位するときには，二重結合のどちらか一方の面でのみ配位する可能性がある．左-左（右-右）と左-右（右-左）とではエネルギー的に差があるからである．また，配位した二重結合への Ti-R の付加のとき Ti と R は二重結合の同じ側から付加することがわかっている（シス付加）．そうすると付加反応のあとメチル基の付いた炭素原子は不斉炭素になる（キラルになる）のであるが，同じ Ti 原子の上で配位-付加を繰り返してできるポリマーの不斉炭素原子はすべて左または右となり，アイソタクチック構造ができることになる．

重合反応は式 (7.6) のように進むと考えられる．

$$\tag{7.6}$$

7.3 立体特異性重合の機構

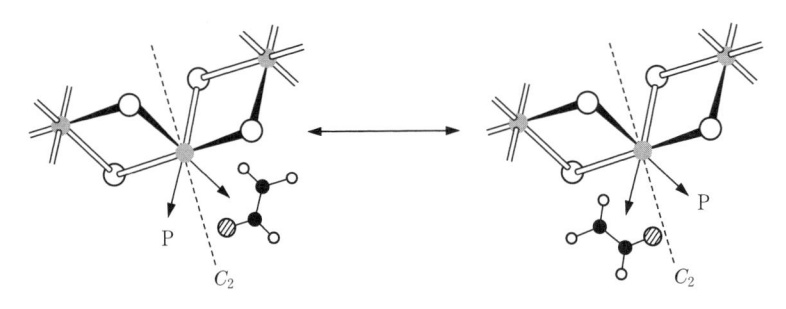

図 7.3 6配位活性点周りの対称性とモノマーの等価な配位構造
P：ポリマー，◉：Ti原子，◯：Cl原子，●：C原子，○：H原子，⊘：メチル基

この式を見ると，成長ポリマー鎖Rが結合している場所とモノマーの配位する空の配位座が交互に変化し，Tiの左右が交互に変化するように見えるが，実はそうではなく，この2つの結合/配位座の立体化学的位置関係は同等なのである．**図7.3**の左右の構造はC_2対称軸の周りに回転すると重ね合わせることができる．

図7.4は，図7.2の空の配位座にモノマーが配位し，上方に成長ポリマー鎖が付いている状態を描いたものである．Tiの周りの不斉な構造が成長ポリマー鎖末端のβ-炭素の方向を決め，モノマーはメチル基とポリマー鎖のβ-炭素の立体反発を避けて左のように配位するのが有利になると思われる．

$TiCl_3$-Et_3Al系は不均一系であるが，上述のような結晶構造――不均一性が

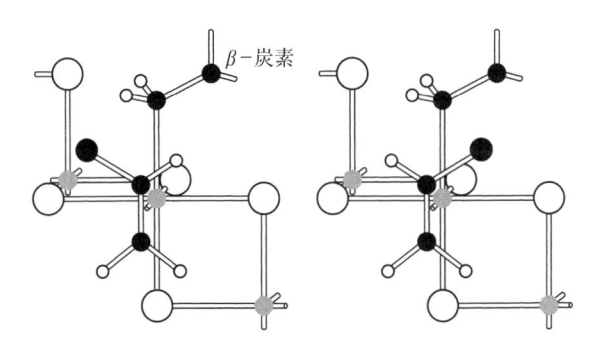

図 7.4 アイソタクチック活性点上でのモノマーとポリマー鎖の位置関係
◉：Ti原子，◯：Cl原子，●：C原子，○：H原子

アイソタクチック・ポリマーの生成にとって必須であるかどうかということから，また系の本質の解明を容易にするために，均一系の遷移金属触媒の検討が進められてきた．当然のことだが，Ti 以外の遷移金属を含む系についても広く調べられてきた．

最近見出された均一系の遷移金属系触媒に，シクロペンタジエニル錯体がある．代表例はジルコニウム錯体 Cp_2ZrCl_2 (**7-I**) であるが，トリメチルアルミニウムと水との反応生成物，メチルアルモキサン (**7-II**) の共存を必要とする．

7-I

$CH_3-Al-O-Al-O-\cdots-Al-CH_3$ (各 Al に CH_3)
$(Al-O)_n$ の $n = 10 \sim 20$

7-II

この系はエチレンの重合に高活性であるが，プロピレンの重合ではアタクチック・ポリマーができる．この発展として，シクロペンタジエニル基2個の代りにエチレン基でインデニル基2個をつないだ配位子を持つ錯体が検討された．この錯体には **7-III**，**7-IV** のような異性体があり，一方はラセミ体（つまり左と右がある），他方はメソ体（左右がない）である．**7-III** に描いたラセミ体を仮に「左」とすると，この式で上下のインデニル基のベンゼン環の位置をそれぞれ右から左に，左から右に入れ換えたものが「右」の錯体である．これらは互いに重ね合わせることができない（自分でやってみてほしい）．

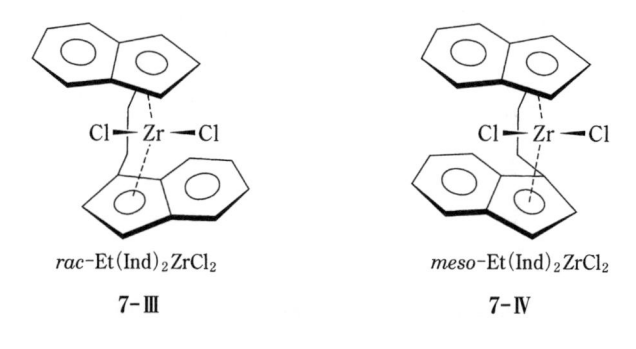

rac-Et(Ind)$_2$ZrCl$_2$

7-III

meso-Et(Ind)$_2$ZrCl$_2$

7-IV

7.3 立体特異性重合の機構

このラセミ体を合成し，メチルアルモキサンの存在下でプロピレンの重合を行うと，アイソタクチック・ポリマーが生成する．Si で 2 つのシクロペンタジエニル基をつないだ配位子を持つ錯体 **7-V** は，プロピレンの重合でアイソタクチック構造の含量が不均一系触媒に匹敵するポリマーを与える．この系では図 7.3 と同様に C_2 対称軸で関係づけられる等価な結合/配位座を持っている（**図 7.5**）．このように，均一，不均一は反応系の見かけのことであって，立体規制の本質には関係がないといえる．

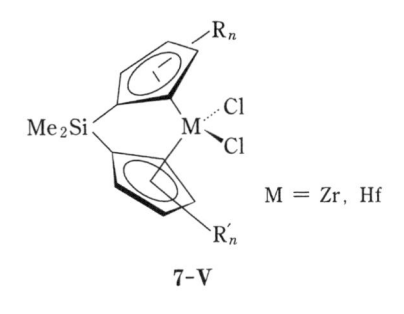

シンジオタクチック・ポリマーを与える系もある．Ti の代りにバナジウムを含む系，VCl_4-Et_2AlCl がその例である．この系は均一で，プロピレンは V−CH(CH_3)−CH_2−Et のように結合し，二重結合への V−R の付加はシス付加である．したがってバナジウムへの C=C の配位が重要であることは Ti と同様であるが，立体化学に関しては Ti の場合のような金属原子の周りの不斉構造がなく，原理的には図 7.1 と同様に成長ポリマー末端のメチル基との立体反発を避ける形でモノマーがバナジウムに配位するものと考えられる．一方，ジルコニウムのシクロペンタジエニル錯体 **7-VI** を用い，メチルアルモキサンと組み

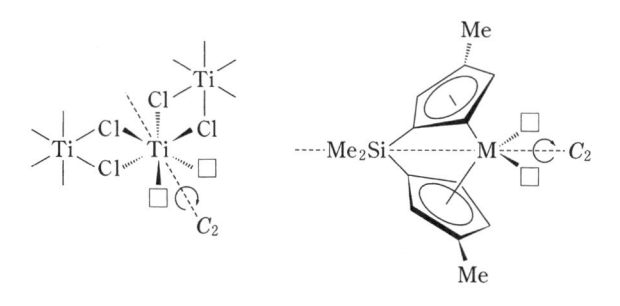

図 7.5 不均一系触媒（左）と均一系触媒（右）の活性点の立体構造の対比

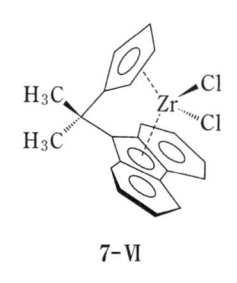

合せた系は，バナジウム系よりもはるかにシンジオタクチック構造単位に富んだポリプロピレンを与える．この場合は2つのシクロペンタジエニル型基が異なっているため，図7.5の機構で反応が起こるときに，等価でない結合/配位座が，付加反応が1つ起こるごとに交互に入れ替ると考えると，説明できる．

7-Ⅵ

7.4 高活性の触媒

前節でプロピレンの立体特異性重合についていくつかの触媒の例をあげた．原型は $TiCl_3$-Et_3Al 系である．プロピレン以外の α-オレフィンやスチレンからもアイソタクチック・ポリマーができることはすぐわかった．

実用上重要なのは何といってもポリプロピレンで，その結晶性のため繊維になり，もちろんプラスチックとしても使える．原型の $TiCl_3$-Et_3Al は実用上は満足のいく活性を持つ触媒ではなかった．Ti 当たりのポリマーの生成量が少ないのである．

なにしろ固体触媒表面での反応であるから有効な活性点の数が少ないことはよく理解できる．そこでこれを増やす方向での努力が続けられてきた．その努力が実って，原型の触媒ではポリプロピレンの生成量が約 4 g/mmolTi・h・atm であったものが，同じ単位で 1000～3000 g と格段に増加している．わずかの触媒で大量のポリマーが生産できるようになったのである．しかもアイソタクチック構造の含量も 90 % から 98 % に増えている．触媒改良の基本的な考えは，$TiCl_3$ と結晶構造の似た $MgCl_2$ を $TiCl_4$ や $TiCl_3$ とともにボールミルで粉砕して，Ti が分散して存在し，表面積を増したものをつくることであった．これを R_3Al と組み合せた触媒系はエチレンの重合に非常に高い活性を示すことがわかった．この系ではポリプロピレンを重合させても立体規則性の低いポリマーしかできないのであるが，この系にさらに安息香酸エチルを加えると，上記のようなすぐれた触媒になることがわかったのである．

一方，すでに述べたジルコニウムシクロペンタジエニル錯体にメチルアルモ

キサンを組み合せた系もエチレンの重合に対して高い活性を示す．しかしプロピレンの重合に対しては活性の点ではそれほど高くない．Al/Zr 比は大きいほど活性が高く，数千から数万倍の Al が必要となる．不思議なことで，メチルアルモキサンの役割はまだよくわかっていない．アルモキサンがなくてもエチレン，プロピレンを重合させるジルコニウムシクロペンタジエニル錯体がいくつかあり，それらは $[Et(Ind)_2Zr(CH_3)]^+[B(C_6F_{54})]^-$（120 ページ参照）のように Zr のカチオン種を含むと考えられる系である．しかし，こうした系とメチルアルモキサンの役割との間に関係があるのかどうかはわからない．

7.5 極性モノマーの立体特異性重合

チーグラー触媒の発見とは独立に，メタクリル酸メチルの重合をアルキルリチウムやグリニャール試薬を開始剤としトルエンなどの炭化水素溶媒中で行うと，アイソタクチック・ポリマーが生成することがわかった．一方，極性溶媒であるテトラヒドロフラン中での重合ではシンジオタクチック・ポリマーができる．すでに述べたようにこの反応は典型的なアニオン重合である．副反応を避けるため反応は一般に $-78℃$ のような低温で行う．

メタクリル酸メチルのアニオン重合においてアイソタクチック・ポリマーが生成する機構についても推論はある．プロピレンと全く異なる点は，いうまでもなく極性のエステル基を持つことである．モノマーのエステル基や成長ポリマー末端あるいはその近傍のエステル基が「対カチオン」の Li や Mg に配位することは十分あり得ることで，図 7.6 では成長末端のエノラートがその手前の構造単位のエステル基の配位で環状構造をつくり，末端および前末端単位のメチル基が互いに遠くなる（アキシアル位）形でエノラートがモノマーに付加すると，アイソタクチック構造になると提案してい

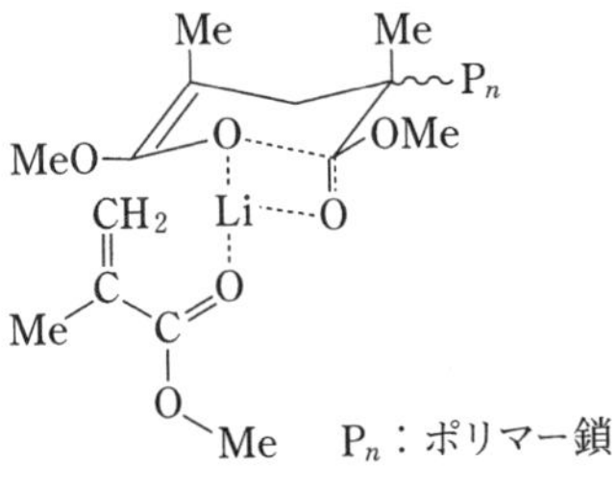

図 7.6 メタクリル酸メチルのアイソタクチック・ポリマー生成の推定機構

る．最近，サマリウムのシクロペンタジエニル錯体 $(C_5Me_5)_2SmH$ によるメタクリル酸メチルの重合の初期段階の生成物として，図7.6に類似の環状中間体が単離された．ただしこの場合は生成ポリマーはシンジオタクチック構造に富んでいる．

このことから見て強調したいことは，上述のような相互作用を持ち得ないメチル基しかないプロピレンからアイソタクチック・ポリマーができることにこそ，チーグラー–ナッタ触媒の最も重要で興味深い本質が現れているということである．

7.6 ジエンの重合における幾何異性の制御

ブタジエン，イソプレンのような共役ジエンはラジカル重合において反応性の高いグループに属する．共役ジエンに対する付加反応一般についてそうであるように，2つのタイプの付加反応が起こり得る．1,2-付加と1,4-付加とである．ブタジエンの重合については

$$CH_2{=}CH{-}CH{=}CH_2 \longrightarrow {+}CH_2{-}CH{+} \atop \quad\quad\quad\quad\quad\quad\quad\quad\quad CH{=}CH_2 \qquad (7.7)$$
$$\text{1,2-構造}$$

$$CH_2{=}CH{-}CH{=}CH_2 \longrightarrow {+}CH_2{-}CH{=}CH{-}CH_2{+} \qquad (7.8)$$
$$\text{1,4-構造}$$

もちろん，同じポリマー分子の中にこの両方の構造単位が含まれたものができる．1,2-構造についてはビニル基 $-CH=CH_2$ の付いた炭素原子は不斉炭素になるから，アイソタクチック構造やシンジオタクチック構造になる可能性がある．1,4-構造については二重結合の両側に置換基があるから，幾何異性が生じる．

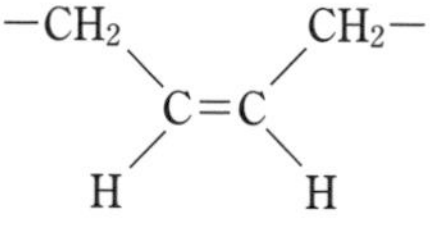

シス-1,4-構造 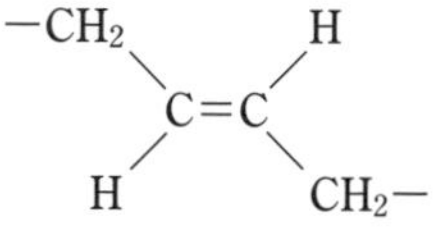　　　　　　　トランス-1,4-構造

ブタジエンをラジカル重合させてできるポリマーはトランス-1,4-構造に富んだものである．これはブタジエンに対する付加反応について一般的に見られる傾向と同じである．

ブタジエンはアニオン重合もする．アルカリ金属系開始剤でアルカリ金属を変えたり反応溶媒を変えたりすると，上記の構造（ミクロ構造という）の含量は変る．最も特徴的な例はLi系開始剤を用いテトラヒドロフラン中で重合を行った場合で，90〜95％も1,2-構造を含むポリマーができる．

イソプレンの重合ではさらにミクロ構造の種類が増える．

$$\underset{1\ \ 2\ \ 3\ \ 4}{CH_2=\underset{\underset{CH_3}{|}}{C}-CH=CH_2} \longrightarrow -CH_2-\underset{\underset{CH=CH_2}{|}}{\overset{\overset{CH_3}{|}}{C}}- \ + \ -CH_2-\underset{\underset{C(CH_3)=CH_2}{|}}{CH}-$$

1,2-構造　　　3,4-構造

$$+ \ -CH_2-\underset{\underset{}{}}{\overset{\overset{CH_3}{|}}{C}}=CH-CH_2- \quad\quad (7.9)$$

1,4-構造（シスおよびトランス）

興味深いことに，Li系開始剤を使い，ヘプタン中で重合を行うと，シス-1,4-構造を90％も含むポリマーが生成する．溶媒をテトラヒドロフランにすると，シス-1,4-構造をほとんど含まないポリマーができてしまう．この事実は重要な意味を持っている．というのは，天然ゴムの分子構造がまさにシス-1,4-ポリイソプレンなのである（99％以上がシス-1,4-構造）．

遷移金属触媒も共役ジエンを重合させることができる．チーグラー触媒の原型は$TiCl_4$-Et_3Al系であるが，遷移金属化合物とそれに組み合せる化合物を変えることによって，生成するポリマーのミクロ構造は大幅に変化する．例えばブタジエンの重合では，$TiCl_4$-R_3Al系はトランス-1,4-構造が90％のポリマーを与えるが，TiI_4-$(i$-$C_4H_9)_3Al$系にするとシス-1,4-構造が92〜94％になり，$Ti(OR)_4$-Et_3Al系になると1,2-結合（シンジオタクチック）が88〜96％になる，という具合で，不思議というほかない．シス-1,4-構造が98％にもなるポリマーをつくる系に$CoCl_2$-Et_2AlCl系，ナフテン酸Ni-BF_3-Et_2O-R_3Al系があ

り，これらはポリブタジエンゴムの生産に使われている．

イソプレンについていえば，$TiCl_4$-R_3Al 系だとシス-1,4-構造が 96～98 % のポリマーになり（天然ゴムに近い），VCl_4-Et_3Al 系ではトランス-1,4-構造が 98 % のポリマーができる．

さて，共役ジエンの重合反応における付加の位置，および幾何異性はどのようにして決まるのだろうか．アルカリ金属系，遷移金属系に共通して，ポリマーの成長末端は π-アリル（allyl）構造をとっていると考えられる．

$$R-Mt + \overset{1}{C}H_2=\overset{2}{C}H-\overset{3}{C}H=\overset{4}{C}H_2$$

Mt：金属

$$\longrightarrow \left[R-\overset{1}{C}H_2-\underset{Mt}{\overset{2}{C}H}-\overset{3}{C}H=\overset{4}{C}H_2 \rightleftarrows R-\overset{1}{C}H_2-\underset{Mt}{\overset{2}{C}H}\Big|\overset{\overset{3}{C}H}{}\overset{4}{C}H_2 \rightleftarrows \right.$$

σ-アリル　　　　　　π-アリル

$$\left. R-\overset{1}{C}H_2-\overset{2}{C}H=\overset{3}{C}H-\underset{Mt}{\overset{4}{C}H_2} \right] \quad (7.10)$$

σ-アリル

π-アリル構造の 2 の位置でモノマーと結合すると 1,2-構造が，4 の位置で結合すると 1,4-構造ができることになる．

ところで π-アリル構造にはさらに 2 つの型がある．シン型とアンチ型である．

$$R-\overset{1}{C}H_2-\underset{H}{\overset{H}{\overset{|}{\underset{|}{C}}}}\Big|\overset{\overset{H}{\overset{|}{C^3}}}{Mt}\overset{4}{C}H_2 \qquad H-\underset{R-H\overset{1}{C}}{\overset{H}{\overset{|}{\underset{|}{C}}}}\Big|\overset{\overset{H}{\overset{|}{C^3}}}{Mt}\overset{4}{C}H_2$$

シン型　　　　　　　　アンチ型

つまり π-アリル基の結合 C^2-C^3 に関して，C^2 上の CH_2（ポリマー鎖）と C^3 上の H が同じ側にある構造をシン型，反対側にあるものをアンチ型という．

ここで C^4 がモノマーに結合すると 1,4-構造になるが，反応が起こるにはモノマーが金属原子 Mt に配位しなければならない．π-アリル型ではこの配位は

不可能で，σ-アリル型でモノマーが配位する．しかしこのとき，π-アリル型のときの立体構造は保たれている，と考える．そうするとモノマーへの付加によってシン型π-アリル構造からはトランス-1,4-構造が，アンチ型からはシス構造ができることになる．

$$\text{シン-}\pi\text{-アリル} \rightleftharpoons \sigma\text{-アリル} \xrightarrow{\text{モノマーM}}_{\text{配位,付加}} \text{トランス-1,4} \quad (7.11)$$

$$\text{アンチ-}\pi\text{-アリル} \rightleftharpoons \sigma\text{-アリル} \xrightarrow{\text{モノマーM}}_{\text{配位,付加}} \text{シス-1,4} \quad (7.12)$$

ところで，モノマーが付加してπ-アリル成長末端になるとき，シン型になるかアンチ型になるかはどのようにして決まるのだろうか．モノマーの配位の仕方としては次の3通りが考えられる．

単座配位　　　s-シス2座配位　　　s-トランス2座配位

モノマーのC^2–C^3結合は回転が可能で，s-シス，s-トランスの2つのコンホメーションが考えられ，後者の方が安定である．すると単座配位の場合には，これに対応して付加して生成するπ-アリル成長末端はシン型になるであろう．一方，s-シス2座配位の場合にはアンチ-π-アリル型となるだろう．s-トランス2座配位はあまり起こりそうにない．

この考えからは，モノマーの金属種への配位の仕方が生成ポリマーの1,4-構造の幾何異性を決めることになる．先に例をあげたように，ブタジエンの重合を同じTi系の触媒で行った場合にもポリマーの立体構造は触媒の違いによっ

て大幅に変化するのであり，Ti に結合した基，配位子などによってジエンの配位の仕方が変るということになるのだが，個別にどのようになっているかはよくわかっているわけではない．

アセチレンも遷移金属触媒によって重合する．例えば $Ti(OBu)_4$-Et_3Al 系（Bu：ブチル基）は溶媒に不溶の黒色で金属光沢を持つポリマーを与える．

$$H-C\equiv C-H \longrightarrow +CH=CH+_x \qquad (7.13)$$

ポリマーは長い π-共役系を持っているので濃く着色しており，半導性がある．ポリマーの主鎖には幾何異性があるが，低温での重合ではシス構造に富むポリマーが，温度を上げるとトランス構造の多いポリマーが生成する．

置換基を持つアセチレンの重合には Mo，W，Nb，Ta の系が有効である．この場合の重合機構はチーグラー触媒とは異なり，開環メタセシス重合（8.8 節）と関係が深い．

column　電気を伝える高分子

金属が電気を伝えるのに対し，有機化合物は絶縁体である．これは物質の中で電子が自由に動けるかどうかによって決まる．金属の中では電子は自由に動けるが，有機化合物は共有結合でできているので，電子はその結合のところにあり（局在化し）動けない．

有機高分子材料は，いろいろな形にしやすいことに加えて，このような絶縁性を持つことを特徴として利用されてきた．すぐ身の回りにある電気コードやコンセントの被覆が，ゴムやプラスチックでできていることはよく知っている．

一方，有機化合物でも，電子がかなり自由に動ける分子構造を持つものは，電気を伝える可能性がある．共役二重結合が長くつながった構造を持つポリアセチレンはその候補である．ポリアセチレンに電子受容性または供与性の物質，例えば AsF_5 を混ぜると電子が動きやすくなり，金属に近い導電性を示すようになる．

7.7 遷移金属触媒による共重合

　第5章でラジカル重合における共重合について詳しく議論した．イオン重合ではモノマーの極性が大きい寄与をするため一般に組成の偏ったコポリマーしか生成しにくいことも述べた（6.4節）．遷移金属触媒重合も「配位アニオン重合」であるので同様の性格を持っている．配位の段階でのモノマーの反応性の差の寄与も大きい．

　しかしエチレンに1-ヘキセンなど α-オレフィンを少量混ぜてチーグラー触媒で重合させると，α-オレフィンがコポリマー中に比較的ランダムに分布したものが合成できる．これは短い枝を少数含むポリエチレンに相当し，チーグラー触媒でつくったポリエチレンよりは密度が低く，ラジカル重合の高圧法でつくった長短の枝のあるポリエチレンとも異なる性質を持ち，線状低密度ポリエチレン（LLDPE）として有用である．

　バナジウム系の均一系触媒 $VOCl_3$-$(i$-$C_4H_9)_3Al$ などを用いると，エチレンとプロピレンは比較的ランダムな配列のコポリマーをつくる．これに二重結合を2個持つモノマーの単位を少し加えたものはエチレン-プロピレンゴムとして実用される．

　均一系の $VOCl_3$-Et_3Al 系，VCl_4-Et_3Al 系を用いるとエチレン-ブタジエンコポリマー，プロピレン-ブタジエンコポリマーが得られる．条件によってはオレフィンとジエンが交互に配列した構造になる．バナジウム-オレフィン成長末端（1座配位子）のバナジウムへはジエンが2座配位し，バナジウム-ジエン成長末端（2座配位子）のバナジウムへはオレフィンが1座配位し，これが交互に起こるためと説明されている．

第8章 開環重合

環状化合物の環が開いて互いに結合する形の反応が起こると高分子になる．この開環重合は，広い意味では付加重合に含めてもよい．二重結合は「2員環」と考えればよい．実際，開環重合にも開始剤が必要であり，主にイオン機構で反応が起こる．環内に不斉炭素を持つモノマーの立体選択的重合も起こる．また開環重合と関連して，炭素－ヘテロ原子二重結合を持つ化合物の重合反応についても触れる．

8.1 開環重合と付加重合・縮合重合の関係

開環重合（ring opening polymerization）とは，文字通り環状化合物の環が開いて互いに結合し，高分子になる形の反応をいう．例えば

$$x \begin{pmatrix} C_n \\ X \end{pmatrix} \longrightarrow -\!\!\!+\!\!C_n\!-\!X\!\!+\!\!\!-_x \tag{8.1}$$

$$X = O, N, S, CO-O, CO-NH, C=C \quad \text{など}$$

本章でこの反応を扱うのは，開環重合が付加重合とも，また縮合重合とも密接な関係にあるからである．第1に，開環重合は付加重合と同様に，モノマーだけが環を開いて互いに結合して起こるのではない．開環重合には付加重合と同様に開始剤が必要である．まず開始剤がモノマーと反応して環が開き，生成した反応種がモノマーとの反応を繰り返すことによってポリマーができるのである．

第2に，式（8.1）に見るように，開環重合によって生成するポリマーにはエステル結合，アミド結合などから成るものがあり，これらは縮合重合反応によってつくることのできる結合の代表的なものである．これらの観点から，ここではまず環状エステル（ラクトン）の開環重合から話をはじめよう．

8.2 環状エステルの重合

ラクトンにもさまざまな大きさの環のラクトンがある．代表的なものは7員環の ε-カプロラクトンである．開始剤にもいろいろあるが金属アルコキシドは代表的なものである．金属アルコキシドは強い求核試薬であり，モノマーのエステル結合のカルボニル基を攻撃して置換反応を起こす．すなわちモノマーのエステル結合が切れる．

$$RO-Li + O=C\underset{O-CH_2-CH_2}{\overset{CH_2-CH_2}{\underset{|}{\diagdown}\diagup CH_2}} \longrightarrow RO-\underset{O}{\overset{\|}{C}}(CH_2)_5O-Li \quad (8.2)$$

ε-カプロラクトン

生成物はやはりリチウムアルコキシドであるから，これがモノマーとの反応を繰り返すことができ，ポリマーが生成する．これは式(6.4)，(6.5)と全く同じ様式の反応であり，成長末端の O-Li は負-正に分極しているから，「アニオン重合」である．

$$RO-Li + x\ O=C\underset{O}{\overset{|}{\diagdown}}(CH_2)_5$$

ε-カプロラクトン

$$\longrightarrow RO-\underset{O}{\overset{\|}{C}}(CH_2)_5O-\cdots-\underset{O}{\overset{\|}{C}}(CH_2)_5O-\underset{O}{\overset{\|}{C}}(CH_2)_5O-Li \quad (8.3)$$

ラクトンの開環重合の特徴は，いうまでもないことだがモノマーにもポリマーにもエステル結合が存在することである．リチウムアルコキシドがモノマーのエステル結合と反応するのだから，ポリマーの成長末端のリチウムアルコキシドが同じ分子内のエステル結合と反応することはないのだろうか．

$$\cdots-\underset{O}{\overset{\|}{C}}(CH_2)_5O-\underset{O}{\overset{\|}{C}}(CH_2)_5O-Li$$

$$\longrightarrow \cdots-\underset{O}{\overset{\|}{C}}(CH_2)_5O-Li + O=C\underset{O}{\overset{|}{\diagdown}}(CH_2)_5 \quad (8.4)$$

もしこの反応が成長ポリマー末端のすぐ前のエステル結合に対して起こると，生成物はモノマーであり，ポリマーの重合度は１つ小さくなる．これは逆成長反応，解重合反応に他ならない．末端から遠い位置にあるエステル結合に対してこの反応が起こると，大きな環の生成物ができることになる．

　実はこれと同様の反応が縮合重合において起こり得ることは，2.5 節式 (2.27) に書いてある．エステル結合と反応するのが O−Li でなく O−H だというだけの違いである．式 (2.29) と同様のポリマー分子間の反応も，ラクトンの開環重合においても起こり得る．

$$P_x-\underset{\underset{O}{\|}}{C}(CH_2)_5O-Li \ + \ P_y-\underset{\underset{O}{\|}}{C}(CH_2)_5O-\underset{\underset{O}{\|}}{C}(CH_2)_5O-\cdots$$

P：ポリマー鎖

$$\longrightarrow \ P_y-\underset{\underset{O}{\|}}{C}(CH_2)_5O-Li \ + \ P_x-\underset{\underset{O}{\|}}{C}(CH_2)_5O-\underset{\underset{O}{\|}}{C}(CH_2)_5O-\cdots \quad (8.5)$$

式 (8.3) と (8.4) の両方の反応が起こり得るのであるから，この重合反応は可逆であることになる．平衡がポリマーの側にあるか，モノマーの側にあるかは，線状ポリエステルと環状エステルの熱力学的安定性によって決まる．実際，5員環のエステル，γ-ブチロラクトンはポリマーになりにくい．

　4員環のエステル，β-プロピオラクトンはそれより大きい環のラクトンとは異なる反応性を持っている．エステル結合の切断は普通 −C−CO−O−C− のところで起こるが，4員環エステルでは −C−CO−O−C− での切断の方が一般的である．その結果，β-プロピオラクトンの重合はカルボキシラートを成長活性種として起こる．

$$\cdots-CH_2-CH_2-\underset{\underset{O}{\|}}{C}-O-K \ + \ \underset{\underset{O}{\underset{|}{\ }}}{CH_2-C=O} \atop CH_2-O$$

β-プロピオラクトン

$$\longrightarrow \ \cdots-CH_2-CH_2-\underset{\underset{O}{\|}}{C}-O-CH_2-CH_2-\underset{\underset{O}{\|}}{C}-O-K \quad (8.6)$$

8.3 環状エーテルの重合

エステルと違って，鎖状エーテルの反応性は非常に低い．有機化学の教科書には，HBr や HI のような強い酸だけが鎖状エーテル結合を切断することができる，と書かれている．求核試薬とは反応しない．それでは環状エーテルの反応性はどうか．とくに変っているのは3員環のエーテル，エポキシド（オキシラン）で，これは求核試薬とも反応して環を開く．このことは有機化学の教科書にも取り上げてある．

一方，エーテル結合を持つ高分子は，縮合重合反応によってもつくることができる．その例は 3.3 節 式 (3.15), (3.17) にある．これらは求核置換反応である．生成したエーテル結合は上述のように求核試薬と反応しないので，この反応は可逆ではない．

これらのことを念頭に置いて，ここでは環状エーテルの中で最も小さい環を持つ，3員環エーテル，エポキシドの開環重合から話をはじめよう．

8.3.1 エポキシドのアニオン重合

(a) エーテル結合の特徴

エポキシドが求核試薬と反応して環を開くことはいま述べた．求核試薬の代表例にナトリウムアルコキシドがある．これはエチレンオキシドと次のように反応する．

$$RO-Na + \underset{\underset{O}{\smile}}{CH_2-CH_2} \longrightarrow RO-CH_2-CH_2-O-Na \qquad (8.7)$$

エチレンオキシド

生成物もまたナトリウムアルコキシドであるから，これがエチレンオキシドと繰り返し反応するとポリエーテル構造の高分子になる．

$$\cdots-CH_2-CH_2-O-Na + \underset{\underset{O}{\smile}}{CH_2-CH_2}$$
$$\longrightarrow \cdots-CH_2-CH_2-O-CH_2-CH_2-O-Na \qquad (8.8)$$

この反応はラクトンのアニオン重合（式 (8.3)）と本質的には同じ，求核置換反応である．しかし，生成ポリマーは鎖状エーテルであり，求核試薬の攻撃を受けない．すなわち式 (8.4) のような逆成長反応，解重合反応は，エポキシドのアニオン重合では起こらない．この点がラクトンの重合と対照的である．

副反応は，ないわけではない．プロピレンオキシドの RONa による重合では，置換基のメチル基の関与する反応が起こる．

$$RO-Na + \underset{\text{プロピレンオキシド}}{\underset{O}{CH-CH_2}} \overset{H_3C}{|} \longrightarrow RO-H + \left[\underset{O}{\underset{|}{CH-CH_2}} \overset{H_2C^-}{|} \right] Na^+ \quad (8.9)$$

$$\left[\underset{O}{\underset{|}{CH-CH_2}} \overset{H_2C^-}{|} \right] Na^+ \longrightarrow H_2C=CH-CH_2-O-Na \quad (8.10)$$

RO-Na が成長ポリマーであるとすると，式 (8.9) の反応でできた RO-H はもはや成長しないポリマーとなり，一方式 (8.10) の生成物はナトリウムアルコキシドであるからエポキシドの重合を開始できる．したがってこの反応はメチル基の関与する連鎖移動反応である．式 (8.10) の生成物によって開始されてできたポリマーの末端には不飽和結合が存在することになるが，このことは実際確かめられている．エチレンオキシドの重合ではこのような反応がない．したがって反応は開始反応と成長反応のみから成り，分子量分布のせまいリビングポリマーが生成する．

プロピレンオキシドの重合においてもメチル基の関与する副反応がなく，リビングポリマーを与える開始剤がある．それはアルミニウムポルフィリン錯体 6-I (102 ページ) である．成長活性種はアルミニウムアルコキシドである．開環は CH_2-O 結合のところで起こる．これはプロピレンオキシドの「アニオン重合」に共通することである．

8.3 環状エーテルの重合

$$(P)Al-X + x\, CH_2-\underset{O}{\underset{|}{CH}}-CH_3 \longrightarrow (P)Al-O-\underset{CH_3}{\underset{|}{CH}}-CH_2\underset{}{}{\left(O-\underset{CH_3}{\underset{|}{CH}}-CH_2\right)_{x-1}}X$$

(P)：ポルフィリン，X = Cl, OR など

(8.11)

単純なアルミニウムアルコキシド，例えば $Al(O\,i\text{-}C_3H_7)_3$ もエポキシドと反応するが，高重合度のポリマーはできず，分子量分布も広い．一般に金属アルコキシドは Mt^+-O^- の分極が強く分子間で相互作用をして会合しやすい．そのため例えば Al-O 結合の反応性もさまざまな状態のものが存在する．これに対しポルフィリン錯体では，かさ高いポルフィリン配位子のため Al-O の会合が起こりにくく，その結合の反応性がどの錯体についても同じであるため，分子量分布のせまいポリマーが生成するものと考えられる．アルミニウムポルフィリン錯体がメタクリル酸メチルの付加重合においてリビングポリマーを与えることはすでに述べた（式 (6.12)）．この錯体はまた，種々のラクトンの開環重合においてもリビングポリマーを与える．

エポキシドの重合の開始剤となる金属アルコキシドの金属には Na, Al のほか Zn, Fe などがある．これらによる重合反応の特徴については後に述べる．

3員環チオエーテル（エピスルフィド，チイラン）も金属チオラートを成長種として開環重合する．

$$R'S-Mt + x\, CH_2-\underset{S}{\underset{|}{CHR}} \longrightarrow R'S(CH_2-CHR-S)_{x}Mt \qquad (8.12)$$

Mt = Na, Li, Zn など

(b) 4員環エーテルの重合

エポキシドよりも大きい環状エーテルについては，これまでアニオン機構による開環重合はしないとされていたが，ごく最近，4員環のエーテル，オキセタンがアルミニウムポルフィリン錯体によってエポキシドと同様の機構で重合し，リビングポリマーを与えることがわかった．成長末端の構造は NMR によって確かめられている．

$$(P)Al-X + x \underset{\text{オキセタン}}{\overset{CH_2}{\underset{O}{CH_2\;CH_2}}} \longrightarrow (P)Al-O(CH_2)_3[O(CH_2)_3]_{x-1}X$$

$X = Cl$

(8.13)

(c) 可逆的な連鎖移動

アルキルリチウムによるスチレンのアニオン重合系（この系ではリビングポリマーができる）に水やアルコールを加えると，反応は停止することを述べた（式 (6.6)）．これに対して，金属アルコキシドによるエポキシドのアニオン重合の系にアルコールを加えても，反応は停止するとは限らない．成長活性種のアルコキシドがプロトンと反応する点は同じであるが，生成物が再びアルコキシドとなるからである．

$$\cdots-CH_2-CHR-O-Mt + R'OH \rightleftarrows \cdots-CH_2-CHR-OH + R'O-Mt$$

(8.14)

生成した $R'O-Mt$ がエポキシドの重合を開始できる可能性は高く，そうするとこれは連鎖移動反応となる．一方，式 (8.14) の反応は出発物，生成物ともアルコキシド + アルコールの系であるから可逆反応となる可能性が高い．

このことがはっきりわかる例に，アルミニウムポルフィリン錯体によるプロピレンオキシドの重合（式 (8.11)）がある．この系に Al に対し過剰のメタノールを加える．反応は止まらず進行し，分子量分布のせまいポリマーが生成する．分子量（重合度）が加えたメタノールの量に応じて低下する．連鎖移動にかかわる物質を加えるとその量に応じてポリマーの分子量が低下することは，連鎖移動反応一般（最初にあげた例はラジカル的付加重合で，式 (4.20)）に見られることである．要するに，それまで成長していたポリマーは「死」に新しいポリマーが「生まれる」から，平均分子量は低下する（式 (4.21)）．同時にこれはポリマー分子の重合度を不揃いにし，分子量分布を広くする原因となる．

それではなぜ，アルミニウムポルフィリン錯体によるプロピレンオキシドの

重合において，メタノールを加えると連鎖移動が起こるのに，分子量分布のせまいポリマーができるのだろうか．それはこの場合 式 (8.14) (R = CH₃, R′ = CH₃, Mt = (P)Al) の反応が可逆であり，しかもその速度が成長反応 ((P)Al-アルコキシドとエポキシドの反応) の速度より大きいからである．式 (8.14) が可逆なので，いったん「死んだ」かに見えるポリマー–OH は「生き返って」ポリマー–OMt となり成長する．したがって加えたメタノール分子の数に相当するだけポリマー分子が増えるが，成長反応は (P)Al-アルコキシドとエポキシドの反応なので，メタノールのない場合と同様 分子量分布のせまいポリマーができるのである．

式 (8.14) の可逆性は，ナトリウムアルコキシドによるエチレンオキシドの重合においても同様に見られる．もちろん，アルコールでなくもっと強いプロトン性化合物，例えば HCl を加えると生成物は死んだポリマー–OH と NaCl になり，この反応は不可逆である．ところが，アルミニウムポルフィリン錯体によるエポキシドの重合では，HCl を加えてさえも反応は停止しない．それは成長活性種と HCl との反応でできる (P)Al-Cl が，NaCl と異なり，再び重合を開始できるからである (式 (8.11))．

$$(P)Al-O-CHR-CH_2-\cdots + HCl$$
$$\longrightarrow (P)Al-Cl + H-O-CHR-CH_2-\cdots \quad (8.15)$$

開始反応が起こると (P)Al-アルコキシドが生成するので，これが式 (8.15) で「死んだ」ポリマー–OH を式 (8.14) により生き返らせることになる．これらの意味から，こうした系はイモータル重合 (immortal：不死) と呼ばれる．

8.3.2 環状エーテルのカチオン重合

鎖状エーテルと違って，環状エーテルの炭素-酸素結合は比較的弱い酸によっても切断される．これは環の員数によらず共通することである．酸としては，カチオン付加重合のところで述べたのと同様に，プロトン酸 (ブレンステッド酸) とルイス酸がある．ルイス酸の場合には，これも付加重合と同様に，実際に

は弱いプロトン性化合物との組み合せで開始剤となる場合が一般的である．

まず代表的な例として，5員環エーテル，テトラヒドロフランの重合を取り上げる．開始剤は例えば BF_3-H_2O 系である．

$$\begin{array}{c}H\\H\end{array}\!\!>\!\!O\!\rightarrow\!BF_3 + O\!\!<\!\!\begin{array}{c}CH_2\!-\!CH_2\\|\\CH_2\!-\!CH_2\end{array} \longrightarrow \left[H\!-\!\overset{+}{O}\!\!<\!\!\begin{array}{c}CH_2\!-\!CH_2\\|\\CH_2\!-\!CH_2\end{array}\right]\cdot[BF_3(OH)^-] \quad (8.16)$$

テトラヒドロフラン

酸素上に正電荷のある化学種をオキソニウムイオンという．この形では環内の $O-CH_2$ 結合の分極の程度は高くなっているはずであり，もしこの結合が切れるとカルボカチオンができることになるが，そうはならずより安定なオキソニウムイオンの形になっている．

$$H\!-\!\overset{+}{O}\!\!<\!\!\begin{array}{c}CH_2\!-\!CH_2\\|\\CH_2\!-\!CH_2\end{array} \rightleftarrows H\!-\!O\!\!-\!\!(CH_2)_3\!CH_2^+ \quad (8.17)$$

オキソニウムイオン　　　　カルボカオチン

オキソニウムイオンの環の $O-CH_2$ は強く負-正に分極していると考えられるので，この CH_2 は求核試薬の攻撃を受けやすくなっている．この系には多量のモノマーすなわちエーテルが存在するので，これが求核試薬として働き，置換反応 (O^+-CH_2 の切断) が起こる．

$$H\!-\!\overset{+}{O}\!\!<\!\!\begin{array}{c}CH_2\!-\!CH_2\\|\\CH_2\!-\!CH_2\end{array} + O\!\!<\!\!\begin{array}{c}CH_2\!-\!CH_2\\|\\CH_2\!-\!CH_2\end{array}$$
$$\longrightarrow H\!-\!O\!\!-\!\!(CH_2)_3\!-\!CH_2\!-\!\overset{+}{O}\!\!<\!\!\begin{array}{c}CH_2\!-\!CH_2\\|\\CH_2\!-\!CH_2\end{array} \quad (8.18)$$

この反応の生成物もオキソニウムイオンであるから，式 (8.18) と同様の反応が繰り返し起これば，テトラヒドロフランが開環しポリマーが生成することに

8.3 環状エーテルの重合

$$H_2O \rightarrow BF_3 + x \underset{CH_2-CH_2}{\overset{CH_2-CH_2}{O}}$$

$$\longrightarrow H-O+CH_2\underset{4}{)}_{-}O+CH_2\underset{4}{)}_{x-3}O+CH_2\underset{4}{)}\overset{+}{O}\underset{CH_2-CH_2}{\overset{CH_2-CH_2}{\diagup}} \quad (8.19)$$

$$[BF_3(OH)]^-$$

この成長反応はオキソニウムイオンの O^+ の隣りの C に対するエーテル酸素の求核攻撃で起こる．式 (8.18) をよく見ると，同様の反応が起こる可能性はほかにもある．第 1 に，ポリマー鎖中にある O^+ の隣りの C に対して，1 つ手前のエーテル酸素が攻撃するとどうなるか．

$$\cdots-O-CH_2-CH_2-CH_2-CH_2-\overset{+}{O}\underset{CH_2-CH_2}{\overset{CH_2-CH_2}{\diagup}}$$

$$\longrightarrow \cdots-\overset{+}{O}\underset{CH_2-CH_2}{\overset{CH_2-CH_2}{\diagup}} + O\underset{CH_2-CH_2}{\overset{CH_2-CH_2}{\diagup}} \quad (8.20)$$

これは逆成長反応，解重合反応に他ならない．そういうわけで，テトラヒドロフランのカチオン開環重合は可逆である．この可逆性は上に説明した機構から考えて，環状エーテルのカチオン開環重合に共通することである．平衡の位置がどこにあるかは，モノマーの環状エーテルとポリマーの鎖状エーテルの熱力学的安定性によって決まる．

式 (8.20) において，オキソニウムイオン成長末端の O^+ の隣りの C は環内のと環外のと 2 通りある．もし環内の C に対して式 (8.20) と同様の反応が起こるとポリマー末端は大環状のオキソニウムイオンになる．この状態で式 (8.20) と同様の反応が起こると大環状化合物が生成する．また，ポリマー鎖の成長末端から遠い酸素原子が式 (8.20) と同様の反応を起こしても，大環状化合物が生成することになる．テトラヒドロフランではこうした反応はあまり起こらないが，環の大きさによってはこの可能性は実際にある．

エチレンオキシドのカチオン開環重合では，環状2量体であるジオキサンがしばしば副生する．

$$\underset{H}{\overset{H}{>}}O \rightarrow BF_3 \ + \ x \ O\underset{CH_2}{\overset{CH_2}{<}}|$$
エチレンオキシド

$$\longrightarrow \ H-O\text{-}(CH_2)_2\text{-}\cdots\text{-}O-CH_2-CH_2-O\text{-}(CH_2)_2\overset{+}{O}\underset{CH_2}{\overset{CH_2}{<}}|$$
$$[BF_3(OH)]^-$$

$$\longrightarrow \ H-O\text{-}(CH_2)_2\text{-}\cdots\text{-}\overset{-}{O}-CH_2-CH_2-\overset{+}{O}\underset{CH_2-CH_2}{\overset{CH_2-CH_2}{<}}O$$
$$[BF_3(OH)]^-$$

$$\longrightarrow \ H-O\text{-}(CH_2)_2\text{-}\cdots\text{-}\overset{+}{O}\underset{CH_2}{\overset{CH_2}{<}}| \ + \ O\underset{CH_2-CH_2}{\overset{CH_2-CH_2}{<}}O \qquad (8.21)$$
$$[BF_3(OH)]^- \qquad\qquad ジオキサン$$

成長活性種のオキソニウムイオンの対(たい)アニオン（式(8.19)，(8.21)では[BF$_3$(OH)]$^-$）の中の求核性に富んだ基が反応する可能性もある．例えば

$$\cdots-O\text{-}(CH_2)_4\overset{+}{O}\underset{CH_2-CH_2}{\overset{CH_2-CH_2}{<}} \ + \ [BF_3(OH)]^-$$

$$\longrightarrow \ \cdots-O\text{-}(CH_2)_4O-CH_2CH_2CH_2CH_2-OH \ + \ BF_3 \qquad (8.22)$$

生成物はもはやオキソニウムイオン種を持たないので，これは停止反応である．系中に存在する水，あるいは別のポリマー分子の末端のアルコールが式(8.22)で生成したBF$_3$に配位して式(8.19)の反応を起こせば，これは連鎖移動反応ということになる．カチオン開環重合の代表的な開始剤であるトリエチルオキソニウムフルオロボレート$(C_2H_5)_3O^+BF_4^-$を用いる反応では

$$\begin{array}{c}\text{C}_2\text{H}_5\\\overset{+}{\text{O}}-\text{C}_2\text{H}_5\\\text{C}_2\text{H}_5\\\text{BF}_4^-\end{array} + \overset{\frown}{\text{O}\underset{\smile}{}\text{C}_n} \xrightarrow{-(\text{C}_2\text{H}_5)_2\text{O}} \text{C}_2\text{H}_5-\text{O}-\text{C}_n-\cdots-\text{O}-\text{C}_n-\overset{+}{\underset{\text{BF}_4^-}{\text{O}}}\overset{\frown}{\underset{\smile}{}}\text{C}_n \qquad (8.23)$$

対アニオン中の F^- の求核性が低いので式 (8.22) のような停止反応は起こりにくい．なお，式 (8.19), (8.22) の反応によって生成したテトラヒドロフランのポリマーの分子は両末端にヒドロキシ基を持っており，これはジイソシアナートとの反応によるポリウレタンの合成のジオール成分 (式 (1.9)) として用いられる．

8.4　環状アミンの重合

アミンはエーテルよりもさらに塩基性，求核性が強く，小員環のアミンは酸の存在下で環状エーテルと同様にカチオン機構による開環重合をする．3員環のアミン，エチレンイミン (アジリジン) では

$$\text{H}^+ + \text{H}-\text{N}\begin{array}{c}\text{CH}_2\\|\\\text{CH}_2\end{array} \longrightarrow \text{H}-\overset{+}{\underset{\text{H}}{\text{N}}}\begin{array}{c}\text{CH}_2\\|\\\text{CH}_2\end{array} \qquad (8.24)$$

エチレンイミン

$$\text{H}_2\overset{+}{\text{N}}\begin{array}{c}\text{CH}_2\\|\\\text{CH}_2\end{array} + \text{HN}\begin{array}{c}\text{CH}_2\\|\\\text{CH}_2\end{array} \longrightarrow \text{H}_2\text{N}\!-\!(\text{CH}_2)_2\!-\!\overset{+}{\underset{\text{H}}{\text{N}}}\begin{array}{c}\text{CH}_2\\|\\\text{CH}_2\end{array} \qquad (8.25)$$

式 (8.25) で生成したアンモニウムイオンの3員環にさらにモノマーが攻撃，開環する反応が繰り返し起これば，ポリマーになる．

$$\text{H}_2\text{N}\!-\!(\text{CH}_2)_2\!-\!\underset{\text{H}}{\overset{+}{\text{N}}}\!\!<\!\!\begin{array}{c}\text{CH}_2\\ \text{CH}_2\end{array} \;+\; x\;\text{HN}\!\!<\!\!\begin{array}{c}\text{CH}_2\\ \text{CH}_2\end{array}$$

$$\longrightarrow \text{H}_2\text{N}\!-\!(\text{CH}_2)_2\!\cdots\!-\!\underset{\text{H}}{\text{N}}\!-\!(\text{CH}_2)_2\!-\!\underset{\text{H}}{\text{N}}\!-\!\text{CH}_2\!-\!\text{CH}_2\!-\!\underset{\text{H}}{\overset{+}{\text{N}}}\!\!<\!\!\begin{array}{c}\text{CH}_2\\ \text{CH}_2\end{array} \quad (8.26)$$

環状エーテルのカチオン重合の場合と同様に，ポリマーもモノマーと同じくアミンであるため成長末端のアンモニウムイオンとの反応を起こし得る（式 (8.20), (8.21) 参照）．さらに，ポリマー鎖中のアミノ基がプロトン化を受けてアンモニウムイオンになる可能性もある．

$$\cdots\!-\!\underset{\text{H}}{\text{N}}\text{CH}_2\text{CH}_2\underset{\text{H}}{\text{N}}\text{CH}_2\text{CH}_2\underset{\text{H}}{\text{N}}\text{CH}_2\text{CH}_2\!-\!\cdots \;+\; \text{H}^+$$

$$\longrightarrow \cdots\!-\!\underset{\text{H}}{\text{N}}\text{CH}_2\text{CH}_2\underset{\underset{\text{H}}{|}}{\overset{\overset{\text{H}}{|}}{\text{N}^+}}\text{CH}_2\text{CH}_2\underset{\text{H}}{\text{N}}\text{CH}_2\text{CH}_2\!-\!\cdots \quad (8.27)$$

そうするとこの N^+ の隣りの C に対してアミン，例えばほかのポリマー分子鎖中のアミノ基が攻撃する可能性がある．

$$\cdots\!-\!\underset{\text{H}}{\text{N}}\text{CH}_2\text{CH}_2\underset{\underset{\text{H}}{|}}{\overset{\overset{\text{H}}{|}}{\text{N}^+}}\text{CH}_2\text{CH}_2\underset{\text{H}}{\text{N}}\text{CH}_2\text{CH}_2\!-\!\cdots$$
$$\uparrow$$
$$\cdots\!-\!\underset{\text{H}}{\text{N}}\text{CH}_2\text{CH}_2\underset{\text{H}}{\text{N}}\text{CH}_2\text{CH}_2\!-\!\cdots$$

$$\longrightarrow \cdots\!-\!\underset{\text{H}}{\text{N}}\text{CH}_2\text{CH}_2\underset{\text{H}}{\overset{\text{H}}{\text{N}}} \;+\; \text{CH}_2\text{CH}_2\underset{\text{H}}{\text{N}}\text{CH}_2\text{CH}_2\!-\!\cdots$$
$$\underset{\underset{\text{H}}{|}}{|}$$
$$\cdots\!-\!\underset{\text{H}}{\text{N}}\text{CH}_2\text{CH}_2\overset{+}{\text{N}}\text{CH}_2\text{CH}_2\!-\!\cdots$$
$$\underset{\text{H}}{}$$

$$\downarrow -\text{H}^+$$

$$\begin{array}{c}\text{CH}_2\text{CH}_2\underset{\text{H}}{\text{N}}\text{CH}_2\text{CH}_2\!-\!\cdots\\ |\\ \cdots\!-\!\underset{\text{H}}{\text{N}}\text{CH}_2\text{CH}_2\!-\!\text{NCH}_2\text{CH}_2\!-\!\cdots\end{array} \quad (8.28)$$

8.4 環状アミンの重合

このようにエチレンイミンのカチオン開環重合で生成するポリマーは，鎖状の第2アミノ基構造だけでなく，第3アミノ基もあり，そこで枝分れのある構造を持っている．4員環アミンのアゼチジンも同様にカチオン機構で開環重合をする．

オキサゾリンは環状アミンでもあり環状エーテルでもあるが，カチオン機構により異性化した構造のポリマーを与える．

$$R-X + H-\underset{オキサゾリン}{\overset{N}{\underset{O}{\bigcirc}}} \longrightarrow H-\overset{R}{\underset{O}{\overset{N}{\bigcirc^+}}} + H-\underset{O}{\overset{N}{\bigcirc}} \longrightarrow$$

例：$CH_3-O_3S-\bigcirc-CH_3$ $R=CH_3$

$$R-N-CH_2-CH_2-\overset{+}{N}\underset{H\ O}{\bigcirc} \Longrightarrow \left[N-CH_2-CH_2 \atop \underset{H}{\overset{|}{C=O}} \right]_x \quad (8.29)$$

カチオンはより求核性の高い N を攻撃するが，生成するのは共役したアンモニウム-オキソニウムイオンであり，次のモノマーの攻撃は O の隣りの正に分極した C に対して起こることになる．

オキサゾリンの同様の反応はほかの求電子性化合物に対しても起こる．例えば

$$\underset{\substack{\beta\text{-ラクトン}\\(式(8.6)参照)}}{\overset{C-C}{\underset{O=C-O}{\bigcirc}}} + H-\underset{O}{\overset{N}{\bigcirc}} \longrightarrow \left[^-O_2C-C-C-\overset{+}{N}\underset{H\ O}{\bigcirc} \right] \quad (8.30)$$

ここに生成した双性イオン（zwitter ion）が互いに反応して元の両成分が交互に結合した形の高分子になる．

$$\left[^-O_2C-C-C-\overset{+}{N}\underset{H\ O}{\bigcirc} \right] \longrightarrow \left(O_2C-C-C-N-C-C \atop \underset{H}{\overset{|}{C=O}} \right)_x \quad (8.31)$$

重合度は必ずしも高くない．高分子が生成する段階そのものは「重付加」のタイプの反応である．

8.5 環状アミドの重合

　この開環重合の章を環状エステルの話からはじめた．次に環状アミドの話が続くのが自然と思われるところだが，そうでなくここで扱う．それはエステル基と異なりアミド基では単に CO−NH が切断するというだけでなく，CO−NH の H が関与する場合があるという複雑さを持っているからである．環状エステル（ラクトン）の重合（式（8.2））の場合と同様に環状アミド（ラクタム）に強い求核試薬を作用させたとしよう．縮合重合のところで述べたが，アミド結合はエステル結合に比べはるかに加水分解を受けにくい．加水分解はカルボニル基への水の求核攻撃に他ならない．そこで強い求核試薬はむしろ CO−NH の H と反応する．この H は隣りのカルボニル基の電子求引性のため弱いが酸性である．

$$\text{RO-Li} + \underset{\underset{\text{H}}{|}}{\overset{\overset{\text{O}}{\|}}{-\text{C}-\text{N}-}} \longrightarrow \text{ROH} + \underset{\underset{\text{Li}}{|}}{\overset{\overset{\text{O}}{\|}}{-\text{C}-\text{N}-}} \tag{8.32}$$

　代表的なラクタムは7員環の ε-カプロラクタムである．このラクタムはアルカリ金属，そのアルコキシドなどを開始剤として重合するが，これに式（8.32）の反応が主役を演じるのである．まず起こる反応は

$$\underset{\varepsilon\text{-カプロラクタム}}{\overset{\frown}{(CH_2)_5}\overset{\text{C=O}}{\underset{\text{N-H}}{|}}} + \underset{\text{Mt：アルカリ金属}}{\text{RO-Mt}} \longrightarrow \overset{\frown}{(CH_2)_5}\overset{\text{C=O}}{\underset{\underset{\delta-}{\text{N-Li}}\,_{\delta+}}{|}} + \text{ROH} \tag{8.33}$$

ここに生成した「アニオン」は求核性が高く，ほかのラクタム分子のカルボニル基を攻撃して環を開く．

8.5 環状アミドの重合

$$(\text{CH}_2)_5\underset{\text{N-Li}}{\overset{\text{C=O}}{|}} + (\text{CH}_2)_5\underset{\text{N-H}}{\overset{\text{C=O}}{|}}$$

$$\longrightarrow (\text{CH}_2)_5\underset{\underset{\text{O}}{\overset{\|}{\text{N-C}}}}{\overset{\text{C=O}}{|}}(\text{CH}_2)_5\text{NH-Li} \quad (8.34)$$

この反応生成物の N–Li は求核性が高く，やはりモノマーの CO–NH の H と反応する．

$$(\text{CH}_2)_5\underset{\underset{\text{O}}{\overset{\|}{\text{N-C}}}}{\overset{\text{C=O}}{|}}(\text{CH}_2)_5\text{NH-Li} + (\text{CH}_2)_5\underset{\text{N-H}}{\overset{\text{C=O}}{|}}$$

$$\longrightarrow (\text{CH}_2)_5\underset{\underset{\text{O}}{\overset{\|}{\text{N-C}}}}{\overset{\text{C=O}}{|}}(\text{CH}_2)_5\text{NH}_2 + (\text{CH}_2)_5\underset{\text{N-Li}}{\overset{\text{C=O}}{|}} \quad (8.35)$$

8-I

次に起こる反応はモノマーアニオンと式 (8.35) の生成物 **8-I** の左端の環との反応である．

$$(\text{CH}_2)_5\underset{\text{N-Li}}{\overset{\text{C=O}}{|}} + (\text{CH}_2)_5\underset{\underset{\text{O}}{\overset{\|}{\text{N-C}}}}{\overset{\text{C=O}}{|}}(\text{CH}_2)_5\text{NH}_2$$

$$\longrightarrow (\text{CH}_2)_5\underset{\underset{\text{O}}{\overset{\|}{\text{N-C}}}}{\overset{\text{C=O}}{|}}(\text{CH}_2)_5\underset{\underset{\text{O}}{\overset{\|}{\text{N-C}}}}{\overset{}{|}}(\text{CH}_2)_5\text{NH}_2 \quad (8.36)$$

この反応の生成物には鎖中に –NLi–CO– があり，これがモノマーと反応するとモノマーアニオンができ，鎖中に –NH–CO– ができることになる．

$$\begin{array}{c}
\underset{(CH_2)_5}{\frown}\!\!\overset{C=O}{\underset{O}{\underset{\|}{N}}}\!\!-\!\!C\!\!-\!\!(CH_2)_5\!\!-\!\!\underset{\underset{O}{\|}}{N}\!\!-\!\!C\!\!-\!\!(CH_2)_5\!\!-\!\!NH_2 + \underset{(CH_2)_5}{\frown}\!\!\overset{C=O}{\underset{N-H}{|}} \\
\qquad\qquad\qquad\text{Li}\quad\; \\[4pt]
\longrightarrow \underset{(CH_2)_5}{\frown}\!\!\overset{C=O}{\underset{O}{\underset{\|}{N}}}\!\!-\!\!C\!\!-\!\!(CH_2)_5\!\!-\!\!\underset{\underset{O}{\|}}{N}\!\!-\!\!C\!\!-\!\!(CH_2)_5\!\!-\!\!NH_2 + \underset{(CH_2)_5}{\frown}\!\!\overset{C=O}{\underset{N-Li}{|}} \\
\qquad\qquad\qquad\text{H}\quad\;
\end{array}$$

(8.37)

式 (8.36), (8.37) の反応が繰り返されるとポリアミドが生成することになる. すなわちこの重合反応は, モノマーアニオンが成長ポリマー分子末端のラクタム環と反応することによって起こる. 成長ポリマー末端がアニオンなのではない. 注意してほしいのは, 成長ポリマー末端のラクタム環は, モノマーと違って N-アシル化された形になっていることである. このために反応性が高くなっているのである.

ε-カプロラクタムの開環重合によって得られるポリマーはナイロン 6 であって, 合成繊維として用いられる. 実際的な製造の際には水を開始剤に用い, 加熱して反応を進める. モノマーがこの条件で水と反応すると鎖状の ε-アミノカプロン酸が生成すると考えられる.

$$\underset{(CH_2)_5}{\frown}\!\!\overset{C=O}{\underset{N-H}{|}} + H_2O \longrightarrow H_2N\text{−}(CH_2)_5\text{−}CO_2H \qquad (8.38)$$
$$\qquad\qquad\qquad\qquad\qquad\quad \varepsilon\text{-アミノカプロン酸}$$

重合反応は, そのアミノ基がラクタム環と反応することによって進むと考えられている.

$$\underset{(CH_2)_5}{\frown}\!\!\overset{C=O}{\underset{N-H}{|}} + H_2N\text{−}(CH_2)_5\text{−}CO_2H$$
$$\longrightarrow H_2N\text{−}(CH_2)_5\!\!-\!\!\underset{\underset{O}{\|}}{C}\!\!-\!\!\underset{H}{\underset{|}{N}}\!\!-\!\!(CH_2)_5\text{−}CO_2H \qquad (8.39)$$

8.6 ポリペプチドを与える開環重合

ポリペプチドはポリアミドの一種であるが，相当する環状モノマーは3員環となり実在しない．一方，ペプチド結合の形成は縮合重合によるポリアミドの合成と同じ様式の反応で行えるのであり，このことは3.2節で述べた．主な目的は種々の光学活性アミノ酸を定まった順序に結合させることにある．

それには段階的に反応を行っていく必要があるが，一方アミノ酸誘導体から一挙にペプチド結合から成る高分子を得る方法がある．この反応は単純な開環重合とはいえないが，モノマーであるアミノ酸誘導体が環状化合物であり，反応機構から見てもこれまでに例をあげた開環重合と関係が深い．

そのモノマーは α-アミノ酸-N-カルボン酸無水物（N-carboxylic anhydride, NCA）で，α-アミノ酸とホスゲンとの反応でつくる．

$$R-C_\alpha H(CO_2H)-NH_2 + COCl_2 \xrightarrow{-2HCl} \text{NCA} \quad (8.40)$$

これは α-アミノ酸のアミノ基にカルボキシ基の付いたものができ，それが元からあるカルボキシ基との間で酸無水物をつくった，と考えられる構造に相当する．酸無水物は求核試薬に対する反応性が高い．攻撃され得るカルボニル基は2通りあるが，Nでなく C_α に付いたカルボニル基の方への反応が起こりやすいだろう．例えば第1アミンを加えると，環が開いて

$$R'-NH_2 + \text{(NCA)} \longrightarrow R'-NH-CO-C_\alpha H(R)-NH-CO_2H \quad (8.41)$$

この生成物カルバミン酸$-NH-CO_2H$は不安定で，すぐに二酸化炭素を放出して第1アミノ基になる．

$$R'-NH-CO-C_\alpha H(R)-NH-CO_2H \longrightarrow R'-NH-CO-C_\alpha H(R)-NH_2 + CO_2 \quad (8.42)$$

column　らせんを巻く高分子

「らせん」は「螺旋」と漢字で書かないと意味がわからない．英語の helix はギリシャ語からきている．高分子鎖の単結合の周りには回転が起こり得るので，多様な2次構造（コンホメーション）ができる．その中で特定の回転角の構造単位が続くと，らせん構造になる場合がある．らせんには左右がある．

代表的なのは光学活性アミノ酸からできる高分子，ポリペプチドの α-ヘリックス構造で，血色素ヘモグロビンの分子はかなりの部分にこの構造を含んでいる．DNA の二重らせん構造を知らない人はいないだろう．

合成高分子でもアイソタクチック・ポリプロピレンは結晶中ではらせん構造になっている．しかし溶液にするとこの構造はこわれてしまう．メタクリル酸トリフェニルメチル（かさ高いエステル基）のポリマーもらせん構造になる．不斉の開始剤を用いて左右のらせんをつくり分けることもできる．

この反応でできた第1アミノ基が式 (8.41), (8.42) の反応を繰り返せば，ポリマーができる．これは α-アミノ酸からのペプチド結合から成る高重合度のポリマーの簡便な合成法である．2種類以上のアミノ酸の NCA を混ぜて重合させればコポリマーができるが，各アミノ酸の配列順序はランダムになる．

第1アミン以外に，第3アミンやナトリウムアルコキシドのような強塩基も NCA の開環（脱炭酸）重合の開始剤となる．この場合は式 (8.41), (8.42) とは反応機構が異なり，これらの強塩基が NCA の −NH− から H を引き抜いて NCA のアニオンをつくり，それがモノマーの C_α−CO を攻撃するという，アルカリ金属アルコキシドによるラクタムの重合（式 (8.33) 〜 (8.37)）と類似の反応機構によって重合反応が進むと考えられている．詳しい説明はここでは割愛するが，式 (8.33) 〜 (8.37) を見ながら自分で考えてみてほしい．

8.7　開環重合とポリマーの立体規則性

前節の α-アミノ酸 NCA の重合で，原料のアミノ酸が天然のものであればそれは光学異性体の一方，L体（S体）である．したがって生成したポリマーもア

8.7 開環重合とポリマーの立体規則性

ミノ酸単位の立体配置はすべて L である．しかしもし NCA の L 体と D 体（左と右）の等量混合物，すなわちラセミのモノマーを重合させたとすると，生成ポリマーの中には L 単位と D 単位の両方が入るが，その配列はランダムになる．

これと同様のことはほかのモノマーの開環重合においても，そのモノマーに光学異性があれば，起こり得ることである．実際，8.3.1 項で取り上げたプロピレンオキシドの開環重合において，生成ポリマーの立体規則性に関して興味ある事実が見出されている．

プロピレンオキシドのメチル基の付いた炭素原子は不斉炭素であるから，このモノマーには L 体と D 体とがある．アルカリ金属アルコキシドを開始剤としてラセミのプロピレンオキシドを重合させると，ポリマーの L 単位と D 単位との配列はランダムになる．

ところが，塩化第二鉄，ジエチル亜鉛と水を反応させた系，トリエチルアルミニウムと水，さらにアセチルアセトンを反応させた系を用いてラセミ・プロピレンオキシドを重合させると，生成ポリマーの一部に結晶性の部分が含まれており，これが同じ立体配置 −LLLLL− および −DDDDD− の単位の連続する「アイソタクチック・ポリマー」であることがわかった．

プロピレンの付加重合の場合と違って，アイソタクチック構造についてはより直接的な証拠が得られる．プロピレンオキシドはモノマーにすでに不斉炭素（式 (8.43) で * で示す）があり，L 体と D 体がある．したがってこれらの一方をつくりそれを重合させればアイソタクチック・ポリマーが得られる．

$$\begin{array}{c} \text{CH}_3 \\ | \\ \text{CH}_2 \overset{*}{-} \text{CH} \\ \diagdown \text{O} \diagup \end{array} \longrightarrow \left(\begin{array}{c} \text{CH}_3 \\ | \\ \text{CH}_2-\overset{*}{\text{CH}}-\text{O} \end{array} \right)_x \qquad (8.43)$$

L または D　　　　　　$(\text{L})_x$ または $(\text{D})_x$

こうして得たポリマーは結晶性で，上述のラセミ・モノマーから Fe, Zn, Al 系によって生成した結晶性ポリマーの構造はこれと一致するのである．

プロピレンの付加重合との最も重要な相違は，上に述べたようにプロピレンオキシドにはすでに「左」と「右」があるということである．したがってラセ

ミ・モノマーからアイソタクチック・ポリマーが生成するということは，左 (L) モノマーと右 (D) モノマーとが選択的に別々のポリマー分子の中に結合していく，ということである．これも立体特異性重合といってよいが，立体選択性重合（stereoselective polymerization）と呼ぶ方がより適切かも知れない．

では，どのような機構でこのような選択が起こるのだろうか．上述の Fe, Zn, Al 系触媒の構造は必ずしも明確でないが，重合反応は本質的には金属アルコキシドとエポキシドとの反応によって進むと考えられる．

$$\cdots-CH_2-\underset{\underset{CH_3}{|}}{CH}-O-Mt + CH_2-\underset{\underset{CH_3}{|}}{CH} \atop \underset{O}{\diagdown \diagup}$$

$$\longrightarrow \cdots-CH_2-\underset{\underset{CH_3}{|}}{CH}-O-CH_2-\underset{\underset{CH_3}{|}}{CH}-O-Mt \qquad (8.44)$$

さて，付加重合反応における立体規則性ポリマーの生成の機構を考えたときに，2つの基本的な考え方があることを議論した．1つは図 7.1 のように，ポリマーの成長末端近傍の立体構造が次に結合するモノマー単位の立体構造を決める，という考えである（成長鎖規制）．メタクリル酸メチルのアニオン重合におけるアイソタクチック・ポリマーの生成機構の推論（図 7.6）もこの考え方に立っている．

一方，チーグラー–ナッタ触媒によるアイソタクチック・ポリマーの生成の機構はそうではなく，触媒活性点の Ti に「左」と「右」があって，そこへモノマーが配位するときに置換基の向きが決まる，と考えるものであった（図 7.2）（対掌体触媒サイト規制）．

この2つの機構のいずれであるかの現象論的な推論は，ポリマーのミクロ構造を詳しく調べることによって可能になる．プロピレンオキシドのポリマーの D と L との配列，例えば L–L–L(D–D–D), L–D–L(D–L–D), L–D–D(D–L–L) の含量が NMR の解析からわかる．非常にアイソタクチック構造に富んだポリマーができているとして，上述の第1の機構で立体選択が起こるとするとポリマーは

8.7 開環重合とポリマーの立体規則性

$$\cdots \text{LLL} \cdots \text{LLDDD} \cdots \text{DDLLL} \cdots \text{LLDDD} \cdots \text{DD} \cdots$$

のような構造になっているだろう．成長末端が$_L$だと次も$_L$になる，というのがこの考え方だから，たまたま$_L$の次に$_D$がくると今度は$_D$が続くことになる．

一方，第2の機構だとポリマーの構造は次のようになっているだろう．

$$\cdots \text{LLL} \cdots \text{LLDLLL} \cdots \text{LLDLLL} \cdots \text{LLDLLL} \cdots$$

（および$_L$と$_D$を入れ換えたもの）

なぜなら触媒の活性点の金属が「左」のところでは$_L$のモノマーが，「右」のところでは$_D$のモノマーが選択的に反応するという考えだから，もし「左」の活性点が「間違って」$_D$のモノマーを選択するということが起こったとしても，その活性点の「左」の性格は変らないので，次にくるのはまた$_L$のモノマーである，というわけである．

NMRによって3つの連続する構造単位（トリアド：triad）の3種の含量がわかることは上に述べたが，第2の機構でできたポリマーの構造の特徴はL−D−L単位（シンジオタクチック・トリアド）の含量がL−L−D単位（ヘテロタクチック・トリアド）の1/2になる，ということである．第1の機構でできたポリマーではそのような関係はない（この機構ではLの次にLがきやすいといってもそれはある確率で起こるので，L−D−L(D−L−D)という構造単位がないというわけではない）．

例えばジエチル亜鉛-水系によって生成したアイソタクチック・ポリプロピレンオキシドのNMR解析からは，第2の機構が示唆される．ジエチル亜鉛と水の反応物はおそらく

$$\text{Et}-\text{Zn}-\text{O}-\text{Zn}-\text{O}-\cdots-\text{Zn}-\text{OH}$$

8-Ⅱ

のような構造をしており，これがさらに分子間で会合しているであろう．チーグラー-ナッタ触媒系における推論のように，ここに左右のあるZnの構造を描

くことができないわけではない．そしてプロピレンの場合そう考えたように，Znにモノマーが配位し，その際左右の選択が起こるものと考えられる．

ジエチル亜鉛とメタノールの反応でできる$Zn(OCH_3)_2$も，プロピレンオキシドの重合においてアイソタクチック・ポリマーを与える．ジエチル亜鉛と適当な量比のメタノールを反応させると，図8.1のように結晶構造の明らかな錯体が得られる．この錯体の中心のZnの両側に歪んだ立方体構造があるが，これらは互いに鏡像関係にある．このZnに結合した$-OCH_3$が切れ，空いたところにモノマーが配位して$-OCH_3$による開始，成長反応が起こるが，いずれの側の立方体構造の中の$Zn-OCH_3$が切れるかによってモノマーの配位するZnが左右のいずれになるかが決まる，と考える．この錯体でできるアイソタクチック・ポリプロピレンオキシドのNMR解析の結果は，「触媒の左右」による立体選択の機構に合う．

ジエチル亜鉛と光学活性のアルコール，例えばd-ボルネオールを反応させた系によってラセミ・プロピレンオキシドを重合させ反応を途中で止めると，生成したアイソタクチック・ポリマーはD体に富んでおり，未反応で残ってい

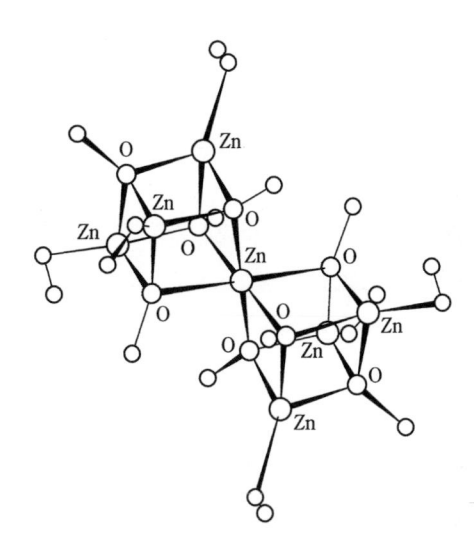

図 8.1 亜鉛アルコキシド錯体の不斉構造

るポリマーはL体に富んでいる．重合反応においてラセミ・モノマーの一方の対掌体が優先的に重合したのである（不斉選択重合）．これはこの触媒系の「左」の活性点と「右」の活性点とに数の違いがあるために起こると考えられる．

先にジエチル亜鉛-水系触媒の構造は8-IIのようにZn−O結合の繰り返しを含むと考えられることを述べた．トリエチルアルミニウム-水系触媒についても同様である（7.3節のアルモキサン（7-II）参照）．こうした系では隣接する2個の金属原子が重合反応に関与すると考えられてきた．1個はポリマーがその上で成長する部位（サイト）であり，もう1個はモノマーが配位し，反応性を高め，立体規制を受けるサイトである．最近，この両サイトを分離したことに相当する系が見出された．それはアルミニウムポルフィリン錯体によるエポキシドの重合（式（8.11））で，この系に8-IIIのようなかさ高い置換基を持つアルミニウム化合物を加えると，これがルイス酸としてモノマーを配位，活性化し，重合反応が著しく加速される．8-IIIだけでは重合反応は起こらない．これが「配位サイト」に相当する．

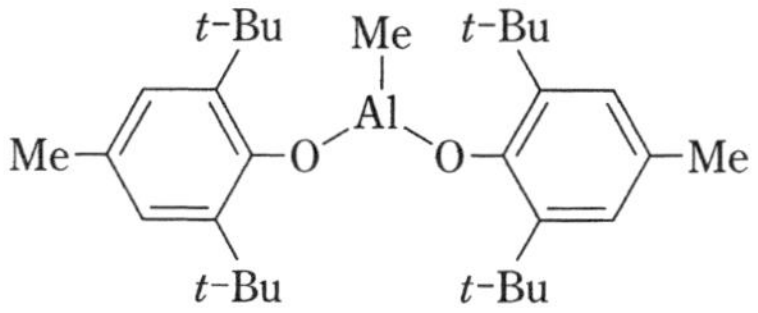

8-III

8.8 開環メタセシス重合

本章の冒頭の式（8.1）にはXがC=Cという例が含まれている．つまり次のような反応が起こるのである．

$$\text{（シクロペンテン）} \longrightarrow \mathop{=}\!\!\text{CH}-\text{CH}_2-\text{CH}_2-\text{CH}_2-\text{CH}\!\!\mathop{=} \qquad (8.45)$$

この反応は$MoCl_5$，WCl_6のような遷移金属系触媒によって起こり，式（8.45）に示したように，二重結合の隣りの単結合が切れて環が開くのではなく，二重

結合そのものが切れるのである．その機構がこの節の標題のメタセシス（metathesis）である．

メタセシスは本来 複分解のことであり，次のような反応を指す．

$$KCl + NaNO_3 \longrightarrow KNO_3 + NaCl \tag{8.46}$$

要するに A−B＋C−D → A−D＋B−C のように組み換えの起こる反応で，上記のような触媒の存在で異なるアルケン（オレフィン）間の組み換えが起こる．

$$\begin{array}{c} C^1=C^2 \\ + \\ C^3=C^4 \end{array} \longrightarrow \begin{array}{c} C^1 \\ \| \\ C^3 \end{array} + \begin{array}{c} C^2 \\ \| \\ C^4 \end{array} \tag{8.47}$$

これが環状オレフィンについて起こるとポリマーが生成することになる．

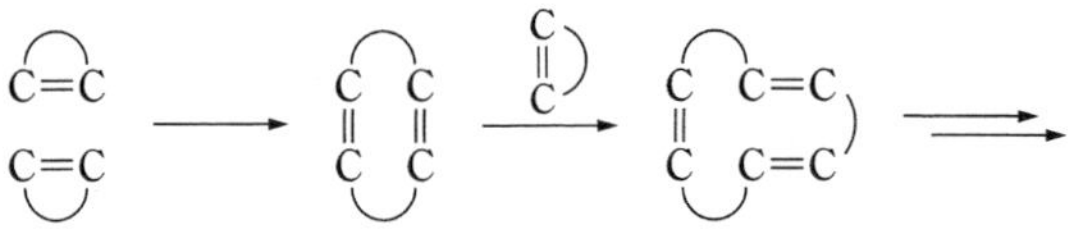

$$\tag{8.48}$$

しかし実際にはこのようにして反応が進むわけではない．まずオレフィンの遷移金属への配位を経て金属を含む環とそれと平衡にある金属＝炭素結合，すなわち金属カルベンを生成する．

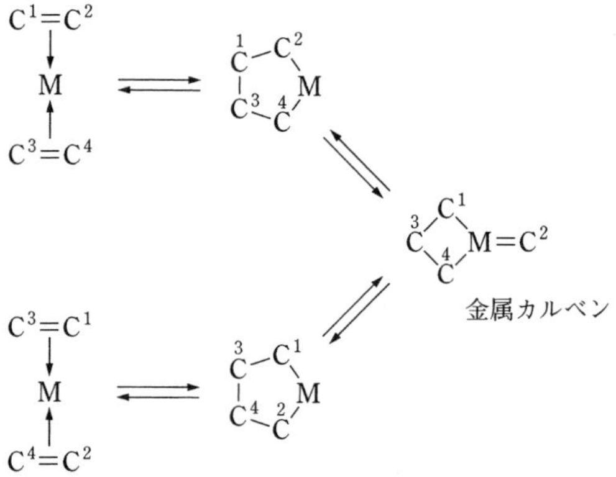

$$\tag{8.49}$$

金属カルベン

開環メタセシス重合では金属カルベンが活性種となって反応が進むと考えられている．

$$\underset{C}{\overset{M}{\|}} + \underset{C}{\overset{C}{\|}}\Big) \longrightarrow \underset{-C-C-}{\overset{M-C}{|\ \ |}}\Big) \longrightarrow \underset{-C=C-}{\overset{M=C}{|\ \ \ \ \ }}\Big) \quad (8.50)$$

メタラシクロブタン

式 (8.50) の生成物に対し環状オレフィンが同じ反応を繰り返すことによって主鎖に C=C を含むポリマーが生成する．実際，開始剤として，金属カルベン錯体やメタラシクロブタン錯体として構造の明確なものが多く見出されている．モノマーとしてはノルボルネン (**8-Ⅳ**) に興味があり，ポリマーは形状記憶樹脂となる．

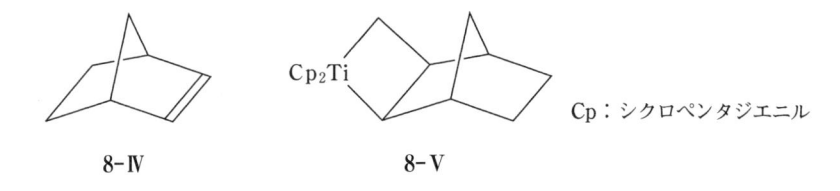

8-Ⅳ　　　　**8-Ⅴ**　　　Cp：シクロペンタジエニル

このモノマーをチタナシクロブタン錯体 (**8-Ⅴ**) を用いて重合させるとリビングポリマーが得られる．

置換アセチレンの重合（7.6 節参照）も $MoCl_5$, WCl_6 のほか Mo などのカルベン錯体を触媒として起こり，反応機構は開環メタセシス重合と同様と考えられている．

$$HC\equiv C-R \xrightarrow{Mo, W \text{系触媒}} \{CH-CR\} \quad (8.51)$$

8.9　ヘテロ不飽和化合物の重合

本章の冒頭に述べたように開環重合は付加重合と関係が深い．開環重合のモノマーの多くは環の中にヘテロ原子（炭素以外の原子）を持っている．そこでここでは，炭素とヘテロ原子間に不飽和結合を持つ化合物の付加重合に触れて

おこう.

　まず，アルデヒドの重合である．カルボニル基の代表的な反応は求核付加反応であり，生成物はアルコキシドであるから，モノマーへの求核付加が繰り返されてポリマーになる．

$$\text{Nu}^- + x\,\text{R--CH=O} \longrightarrow \text{Nu}\!-\!\!\left(\!\text{CH--O}\!\right)_{\!x-1}\!\!\underset{|}{\overset{R}{\text{CH}}}\text{--O}^- \quad (8.52)$$

　　　求核試薬　　　アルデヒド　　　　　ポリアセタール

ホルムアルデヒド（R＝H）のポリマー，ポリアセタールはエンジニアリングプラスチックとして用いられる．ついでながら，同じ構造のポリマーは環状エーテルであるトリオキサン（8-Ⅵ）のカチオン開環重合によってもつくられる．ほかのアルデヒドも低温では重合するがポリマーは不安定である．ケトンのポリマーはさらに不安定である．

8-Ⅵ

　累積不飽和結合を持つケテン C＝C＝O はイオン機構で重合するが，開始剤などの違いによって異なる構造を含むポリマーができる．

$$\overset{2}{\text{C}}\!=\!\overset{1}{\text{C}}\!=\!\text{O} \longrightarrow -\overset{2}{\underset{\underset{\text{O}}{\|}}{\text{C}}}\!-\!\overset{1}{\text{C}}\!-,\;\; -\overset{1}{\underset{\underset{\text{C}^2}{\|}}{\text{C}}}\!-\!\text{O}-,\;\; -\overset{2}{\underset{\underset{\text{O}}{\|}}{\text{C}}}\!-\!\overset{1}{\text{C}}\!-\!\text{O}\!-\!\overset{1}{\underset{\underset{\text{C}^2}{\|}}{\text{C}}}- \quad (8.53)$$

イソシアナート N＝C＝O はアニオン機構により重合して 1-ナイロン構造のポリマーを与える．

$$\text{R--N=C=O} \longrightarrow \left(\!\!\underset{\underset{\text{O}}{\|}}{\overset{R}{\underset{|}{\text{N--C}}}}\!\!\right)_{\!x} \quad (8.54)$$

カルボジイミド N＝C＝N もアニオン機構で重合する．

$$\text{R--N=C=N--R} \longrightarrow \left(\!\!\underset{\underset{\text{NR}}{\|}}{\overset{R}{\underset{|}{\text{N--C}}}}\!\!\right)_{\!x} \quad (8.55)$$

　二酸化炭素 O＝C＝O の単独重合体は知られていない．生成物は酸無水物結

合のみから成ることとなり非常に不安定であろう．しかしエポキシドとの共重合で交互共重合体である脂肪族ポリカーボネートを与える．代表的な触媒はジエチル亜鉛-水系である．

$$\text{CHR-CHR}' + CO_2 \longrightarrow {(\text{CHR-CHR}'-O-\underset{\underset{O}{\|}}{C}-O)}_{\overline{x}} \quad (8.56)$$
$$\underset{O}{\diagdown\diagup}$$

共重合は次の反応 (8.57), (8.58) の繰り返しによって進むと考えられる．

$$\cdots -\text{CHR-CHR}'-O-ZnX + CO_2 \longrightarrow \cdots -\text{CHR-CHR}'-O-\underset{\underset{O}{\|}}{C}-O-ZnX \quad (8.57)$$

$$\cdots -\text{CHR-CHR}'-O-\underset{\underset{O}{\|}}{C}-O-ZnX + \text{CHR-CHR}' \underset{O}{\diagdown\diagup}$$

$$\longrightarrow \cdots -\text{CHR-CHR}'-O-\underset{\underset{O}{\|}}{C}-O-\text{CHR-CHR}'-O-ZnX \quad (8.58)$$

一酸化炭素 CO は :CO として反応する．エチレンとラジカル的に共重合しケトン基を含むポリマーを与える．

$$CH_2=CH_2 + CO \longrightarrow {(CH_2-CH_2-\underset{\underset{O}{\|}}{C})}_{\overline{x}} \quad (8.59)$$

遷移金属錯体を触媒とする共重合も起こる．

二酸化硫黄 SO_2 も CO と似て :SO_2 として反応する．オレフィンとラジカル共重合をしてポリスルホン構造の交互共重合体を与える．

$$CH_2=CH_2 + SO_2 \longrightarrow {(CH_2-CH_2-\underset{\underset{O}{\|}}{\overset{\overset{O}{\|}}{S}})}_{\overline{x}} \quad (8.60)$$

イソニトリル (イソシアニド) R−N=C: も遷移金属触媒によって重合する．

$$R-N=C: \longrightarrow {(\underset{\underset{}{\|}}{\overset{\overset{N-R}{\|}}{C}})}_{\overline{x}} \quad (8.61)$$

第 9 章 ポリマーの分子量の制御

　高分子の合成をその制御，すなわち生成するポリマーの構造の制御という観点から見ると，高分子の「高」が分子量を意味するように，第一に重要なのは分子量の制御である．ポリマーの分子量の制御についてはすでに少なからぬ成功例があり，それらはこれまでの各章のところどころで見てきた．本章ではそれらを互いに関連させながら復習し，これまでの章では取り上げなかった比較的新しい例を含めて説明する．

9.1 イオン重合におけるポリマーの分子量の制御

　付加重合は，成長しているポリマー分子の一端の活性種とモノマーとの間の反応で進むので，この成長反応以外の停止反応や連鎖移動反応が存在しなければ，分子量の揃った（分子量分布のせまい）ポリマーができる可能性がある．

　その最初の例が，ブチルリチウムによるスチレンのアニオン重合におけるリビングポリマーの生成である（式 (9.1)；式 (6.4), (6.5) 参照）．

$$n\text{-}C_4H_9^+Li^- + x\,CH_2=CH(\text{Ph}) \rightarrow n\text{-}C_4H_9-CH_2-CH^-(\text{Ph})Li^+$$
$$\rightarrow n\text{-}C_4H_9\text{-}[CH_2\text{-}CH(\text{Ph})]_x\text{-}CH_2\text{-}CH^-(\text{Ph})Li^+ \quad (9.1)$$

（ブチルリチウム，スチレン）

　しかし，同じ開始剤によるメタクリル酸メチルの重合（式 (6.7), (6.8)）ではエステル基の反応も起こり（式 (6.9)），リビングポリマーにはならない．しかしその後，より温和な反応性を持つ開始剤がいろいろ見出され，メタクリル酸メチルのリビング重合が可能になった．その例は，成長活性種がリチウムエノ

ラートの代わりにシリルエノラートやアルミニウムエノラートである反応である（式 (6.11), (6.12)）．

カチオン重合がアニオン重合と異なるのは，成長末端に隣接する位置にある炭素に結合している H が求核試薬による脱離を受けやすく，連鎖移動や停止反応を起こしやすいことである（式 (6.14)）．それでも，系を適当に選ぶと分子量分布のせまいポリマーが得られることはすでに述べた（式 (6.29) 〜 (6.31)）．

9.2　ラジカル重合におけるポリマーの分子量の制御

ラジカル重合ではラジカル同士の再結合による停止反応（式 (4.11)）を避けるのは本質的に難しいと考えられてきた．しかし，成長ポリマーラジカルと可逆的に結合できるようなラジカルが存在する系では，分子量分布のせまいポリマーが得られることがわかってきた．

それでは，ラジカル付加重合においてリビングポリマーがつくれる条件は何か．ラジカル重合とイオン重合との根本的な相違は，前者では反応性の高い成長ポリマーラジカル同士の反応が起こることである．この系に別のラジカルが存在すると，ポリマーラジカルと，このラジカルとの反応も起こる．この「別のラジカル」は開始剤が分解してできた 2 個のラジカルの一方でもよい．いま開始剤 A−B による重合を考えよう．

開始反応　　　　　　A−B ⟶ A· + B·　　　　　　(9.2)

成長反応　　　　A· + M ⇌ A−M−M−⋯−M·　　　(9.3)
　　　　　　　　　　　モノマー

B· との反応による停止反応

　　　　　A−M−M−⋯−M· + B· ⟶ A−M−M−⋯−M−B　(9.4)

ここで，B· が安定なラジカルであって，B· は M の重合を開始できないが，式 (9.4) の M· との反応は起こしうるものであり，しかも式 (9.4) の M−B 結合

が条件によっては切断して M· と B· になるようなものであれば，その条件では式 (9.4) の生成物は再び開始剤として働くことになる．

このような挙動を示す開始剤として，ジチオカーバメート ($R-S-CS-NR_2$) がある．例えば，

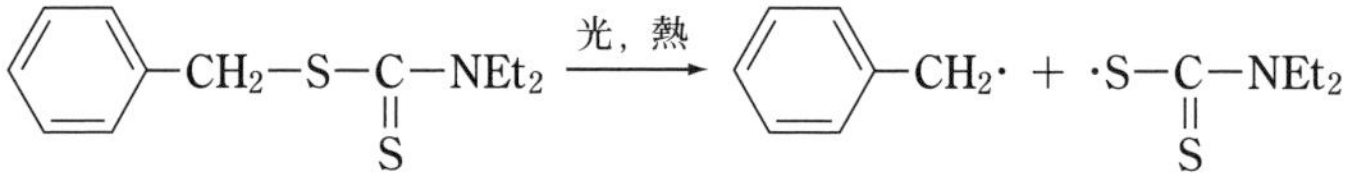

$$Ph-CH_2-S-\underset{\underset{S}{\|}}{C}-NEt_2 \xrightarrow{光, 熱} Ph-CH_2\cdot + \cdot S-\underset{\underset{S}{\|}}{C}-NEt_2 \quad (9.5)$$

$$Ph-CH_2\cdot + CH_2=CH(Ph) \Longrightarrow Ph-CH_2-CH_2-CH(Ph)-\cdots-CH_2-CH(Ph)\cdot \quad (9.6)$$

$$Ph-CH_2-\cdots-CH_2-CH(Ph)\cdot + \cdot S-\underset{\underset{S}{\|}}{C}-NEt_2 \longrightarrow Ph-CH_2-\cdots-CH_2-CH(Ph)-S-\underset{\underset{S}{\|}}{C}-NEt_2 \quad (9.7)$$

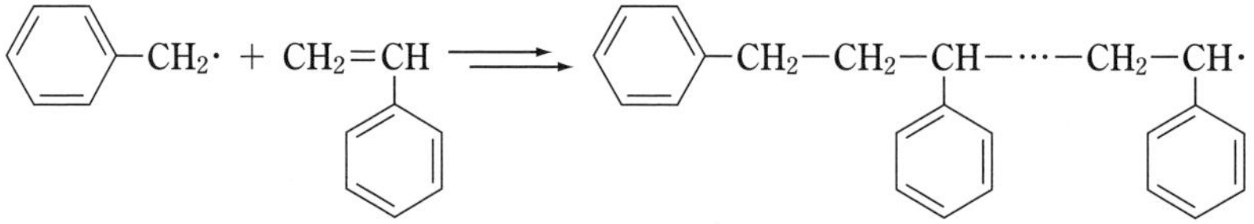

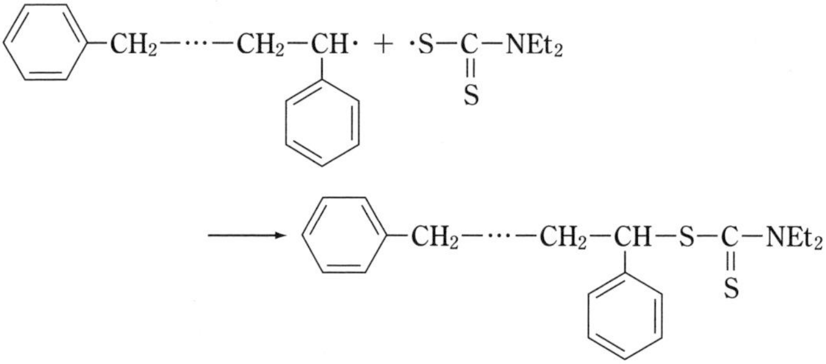

$$Ph-CH_2-\cdots-CH_2-CH(Ph)-S-\underset{\underset{S}{\|}}{C}-NEt_2 \xrightarrow{光, 熱} \cdots-CH_2-CH(Ph)\cdot + \cdot S-\underset{\underset{S}{\|}}{C}-NEt_2 \quad (9.8)$$

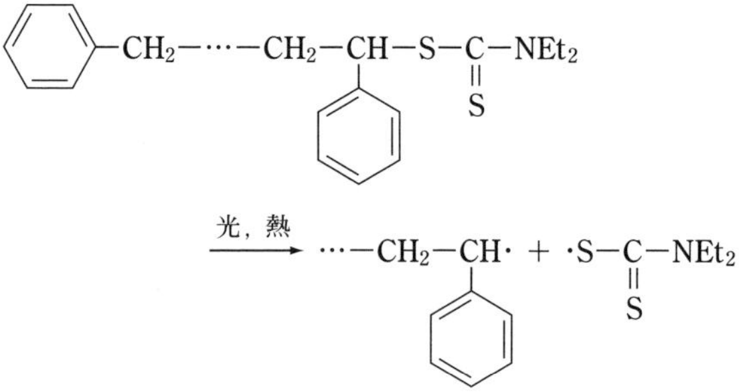

すなわち，この開始剤からできる 2 種のラジカルの一方，$\cdot S-CS-NR_2$ は開始能はないがポリマーラジカルとは**可逆的**に結合する．この結合反応は成長ポリスチレンラジカル同士の反応よりも起こりやすいので，実際上この重合反応で

は「真の」停止反応は起こりにくい．事実この系で生成するポリスチレンの重合度は時間（反応率）とともに増大し，普通のラジカル付加重合とは異なる，リビング重合に似た挙動を示す．

上に述べた「別のラジカル」は外部から加えるものであってもよい．要は成長ポリマーラジカルと可逆的に結合できることである．過酸化ベンゾイルを開始剤とするスチレンのラジカル重合の系に安定ラジカル TEMPO (2,2,6,6-テトラメチル-1-ピペリジニルオキシラジカル）(**9-I**) を共存させると，生成ポリマーの反応率とともに直線的に増大し，分子量分布もせまいことがわかっている．

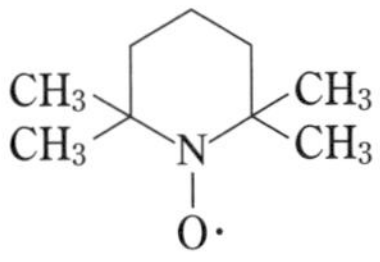

2,2,6,6-テトラメチル-1-ピペリジニルオキシラジカル (TEMPO)

9-I

9.3 金属錯体によるリビングラジカル重合

比較的最近に発展したリビングラジカル重合に金属錯体を用いる系がある．銅や鉄の低原子価錯体 [Cu(I), Fe(II)] は原子価の変化を起こしやすく，ハロゲン化アルキルの存在下でラジカルを生じる．

$$R-X + M^nL \rightleftarrows R \cdot M^{n+1}XL \qquad (9.9)$$

低原子価錯体
L：配位子

この系はビニルモノマーの重合を開始するが，成長ポリマーラジカルは X と再び結合して末端に C–X 結合を持つポリマーになる．これと原子価が元に戻った金属種とから再びラジカルが生じてモノマーと反応すると，成長反応に

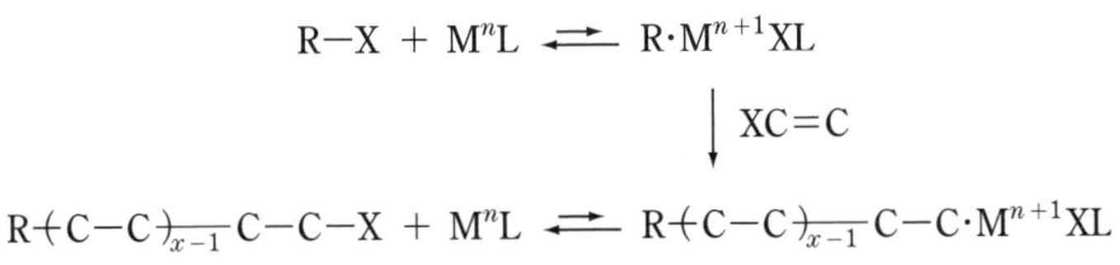

$$R-X + M^nL \rightleftarrows R \cdot M^{n+1}XL$$
$$\downarrow XC=C$$
$$R(C-C)_{x-1}C-C-X + M^nL \rightleftarrows R(C-C)_{x-1}C-C \cdot M^{n+1}XL$$

図 9.1 原子移動ラジカル重合

$$\text{R-X} \underset{\text{開始剤}}{\overset{\substack{\text{遷移金属錯体}\\\text{（活性化剤）}\\ M^n X_n L_m}}{\rightleftarrows}} \text{R}\cdot \ XM^{n+1}X_n L_m \xrightarrow{\overset{\text{モノマー}}{CH_2=C\overset{R^1}{\underset{R^2}{|}}}}$$

$$\text{R}\sim\sim\sim CH_2-\underset{R^2}{\overset{R^1}{\underset{|}{\overset{|}{C}}}}-X \underset{}{\overset{M^n X_n L_m}{\rightleftarrows}} \text{R}\sim\sim\sim CH_2-\underset{R^2}{\overset{R^1}{\underset{|}{\overset{|}{C}}}}\cdot \ XM^{n+1}X_n L_m$$

開始剤（R−X）

CCl_4
CCl_3Br

CH_3-CH-X (フェニル)
$(X = Cl, Br, I)$

CCl_3COHC_3
$CHCl_2COPh$

CH_3-CH-X
$\quad\quad |$
$\quad\quad CO_2Et$
$(X = Cl, Br, I)$

$CH_3-\underset{CO_2Et}{\overset{CH_3}{\underset{|}{\overset{|}{C}}}}-X$
$(X = Br, I)$

$CH_3-\underset{CO_2CH_3}{\overset{CH_3}{\underset{|}{\overset{|}{C}}}}-CH_2-\underset{CO_2CH_3}{\overset{CH_3}{\underset{|}{\overset{|}{C}}}}-X$
$(X = Br, Cl)$

遷移金属錯体（$M^n X_n L_m$）

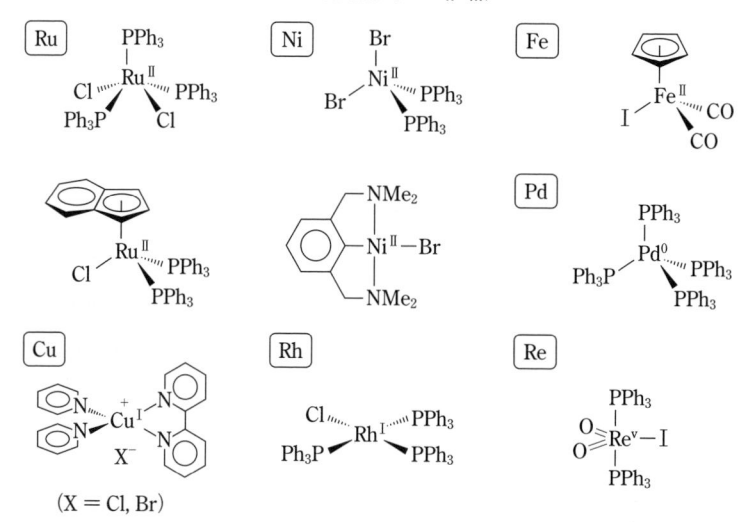

[Ru] Cl, Ru^{II}, PPh_3, PPh_3, Ph_3P, Cl

[Ni] Br, Ni^{II}, PPh_3, Br, PPh_3

[Fe] Fe^{II}(シクロペンタジエニル), I, CO, CO

[Ru] インデニル-Ru^{II}, Cl, PPh_3, PPh_3

[Ni] Ni^{II}-Br with NMe_2 groups

[Pd] Pd^0, PPh_3, PPh_3, Ph_3P, PPh_3

[Cu] Cu^{I} with bipyridine ligands, X^-
$(X = Cl, Br)$

[Rh] Cl, Rh^{I}, PPh_3, Ph_3P, PPh_3

[Re] Re^{V}, O, O, I, PPh_3, PPh_3

図 9.2 遷移金属錯体を用いたリビングラジカル重合における有効な開始剤および遷移金属錯体の例

なる．

このラジカルは金属種の存在で安定化されていて，ラジカル同士の反応が抑えられ，分子量分布のせまいポリマーができる．ハロゲン原子が成長ポリマー末端と金属錯体との間を移動することから，この系は原子移動ラジカル重合（atom transfer radical polymerization：ATRP）と呼ばれる（図9.1）．

リビングラジカル重合に有効な遷移金属錯体とハロゲン化アルキルの例を図9.2に示す．

ルテニウムの錯体と銅の錯体は代表的なものである．ルテニウム錯体によるリビングラジカル重合の例を図9.3のスキームに示す．

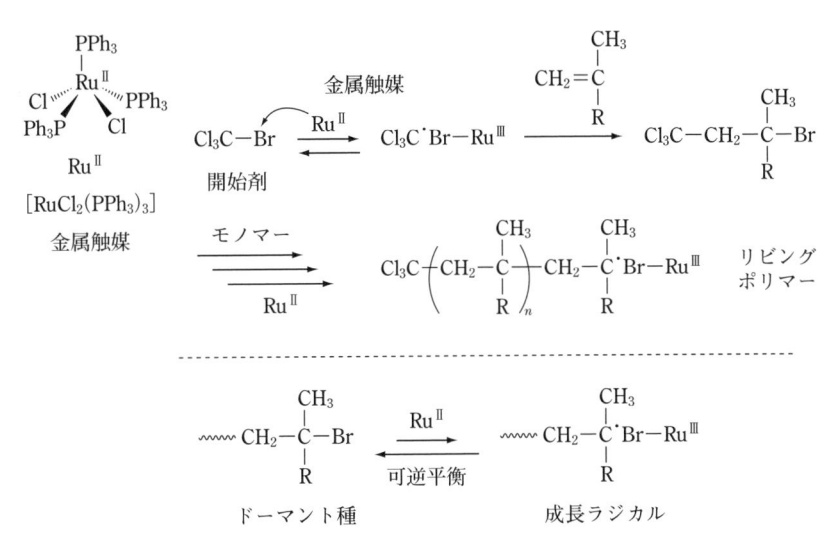

図 9.3 遷移金属錯体によるリビングラジカル重合（ルテニウムでの例）

9.4 縮合重合における分子量の制御

縮合重合では，いつも分子の両末端の官能基の間で反応が起こるため，生成物はさまざまの分子量のものの混合物になることを述べた（第2章）．それでは，縮合重合では生成物の分子量を制御することはできないのだろうか．

両末端にそれぞれ互いに反応し得る官能基AとBを持つA−B型の化合物

(モノマー) の一方の官能基 (たとえば A) が反応すると新しく結合 Z が生成するが，その影響でもう一方の官能基 B の反応性が高くなる場合があるとする．このときには A–B 分子同士の反応よりも，ポリマー分子の反応性の高くなった官能基 B^* の反応が優先的に起こるだろう．いま「開始剤」として反応性の高い官能基 B^* を 1 個持った化合物を使うと，反応はポリマーの片末端のみで進むことになる．

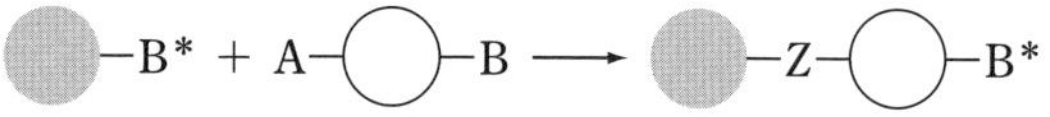

$$●—B^* + A—○—B \longrightarrow ●—Z—○—B^* \quad (9.10)$$

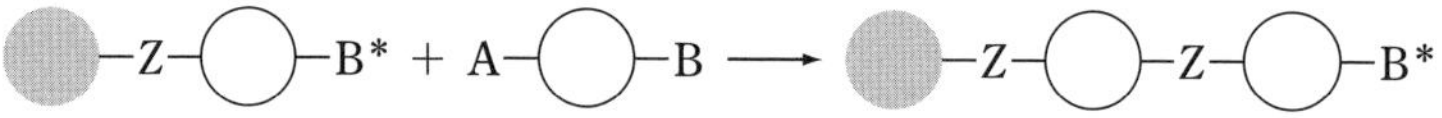

$$●—Z—○—B^* + A—○—B \longrightarrow ●—Z—○—Z—○—B^* \quad (9.11)$$

実際，このような系によるポリアミド，ポリエステルなどの生成反応で，生成物の分子量が反応の進行とともに増大し，分子量がモノマー対開始剤の量比で制御でき，分子量分布がせまい，という付加重合におけるリビング重合と同様の特徴を示す例が見出されている．

以下には，分子量分布のせまいパラ置換型芳香族ポリアミドの生成の例をあげる (図 9.4)．

ここでは A–B 型化合物が 4-(オクチルアミノ)安息香酸フェニル (**1a**) で

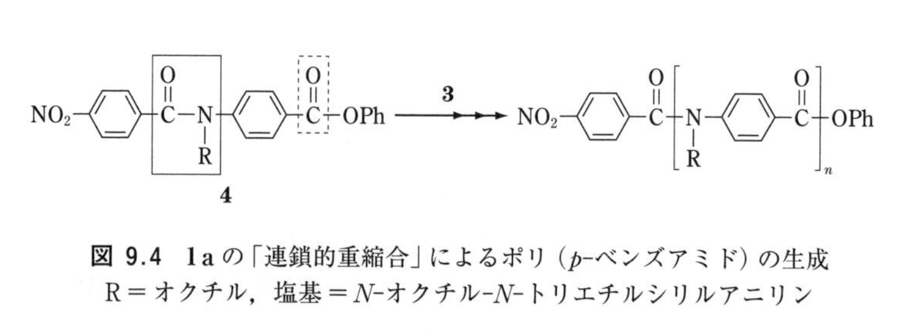

図 9.4 **1a** の「連鎖的重縮合」によるポリ(p-ベンズアミド) の生成
R＝オクチル，塩基＝N-オクチル-N-トリエチルシリルアニリン

column デンドリマー (dendrimer)

先へ先へと枝分れした構造の高分子のことで，アメリカのトマリア (Tomalia) の命名による (dendron：樹木)．枝は一段一段と伸ばしていくのである．最初の例の基本的な反応は，アンモニアのアクリル酸メチルへの付加と生成物のエステル基とエチレンジアミンの反応である．

$$\begin{matrix}H\\H\end{matrix}\!\!>\!\!N-H + CH_2=CH-CO_2CH_3 \longrightarrow\ \!\!>\!\!N-CH_2-CH_2-CO_2CH_3 \quad (1)$$

$$>\!\!N-CH_2-CH_2-CO_2CH_3 + H_2N-CH_2-CH_2-NH_2$$
$$\xrightarrow{-CH_3OH} >\!\!N-CH_2-CH_2-CO-NH-CH_2-CH_2-NH_2 \quad (2)$$

2段目の反応生成物のアミノ基をアクリル酸メチルと反応させ，以下式 (1)，(2) の反応を繰り返す．もちろん，各段階定量的に反応させなければならないし，分子内でアミノ基とエステル基が反応してもいけない（網目になる）．その後，はじめに多分枝の部分をつくっておき最後に中心の核とつなぐ方法も考案されている．

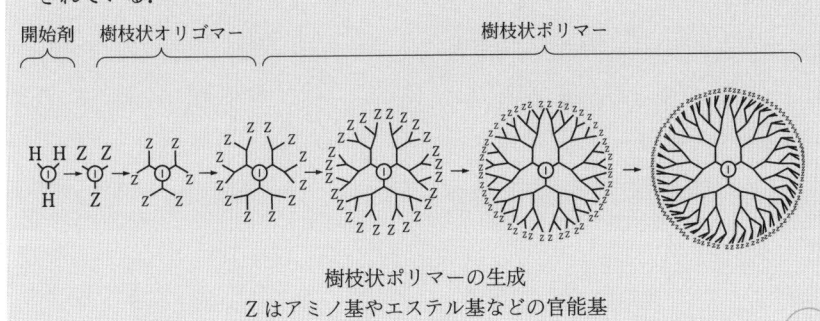

樹枝状ポリマーの生成
Zはアミノ基やエステル基などの官能基

ある．これに塩基を加えると 1a のアミノプロトンが引き抜かれてアミドアニオン 3 になる．これは強い電子供与性であるため，その共鳴効果で同じ芳香環のパラ位にあるフェニルエステルのカルボニル炭素の求電子性を大きく低下させ，アミドアニオン 3 同士の反応（自己縮合）を抑制する．いまここに高い求電

子性のp-ニトロ基を持つフェニルエステル2が存在すると，3は優先的に2と反応しアミド4を与える．生成した4のアミド結合は弱い求電子性であるため，そのフェニルエステルは3のフェニルエステルよりも高い求電子活性を示す．その結果，次の3は4のフェニルエステルと反応してアミド結合を生成する．これを繰り返すことによって，すなわち「モノマー」が順次成長末端に反応することで，付加重合の場合に似て「連鎖的」な重合反応が進むことになる．ここで化合物2はこの反応の「開始剤」と呼ぶことができる．

第10章　ブロック共重合体とグラフト共重合体

　ブロック共重合体，すなわち2種（以上）のモノマー単位がそれぞれ長く連続して結合した形の共重合体と，グラフト共重合体，すなわちあるポリマーに別種のポリマーが枝の形で結合したものは，2種（以上）のモノマーを共重合させて得たランダム共重合体とは異なる特徴のある性質を示す．構造の制御されたブロック共重合体，グラフト共重合体を合成するにはリビングポリマーを利用する．どんな反応を使えばよいのかを考える．

10.1　ブロック・グラフト共重合体の特徴

　すでに述べたように，共重合体（コポリマー）は2種類以上のモノマーの混合物を重合させることによって得られる．コポリマーの組成と各モノマー単位の配列順序は，成長ポリマー末端とモノマーの反応性によって決まる．2種のモノマー単位が交互に並んだコポリマー（交互共重合体）の例があることも示した．

　ブロック共重合体 (block copolymer) とは2種（あるいはそれ以上）のモノマー単位がそれぞれ長く連続して結合した形のコポリマーをいう．例えば

$$\cdots -\mathrm{AAA}\cdots\mathrm{AAA}-\mathrm{BBB}\cdots\mathrm{BBB}- \cdots$$

　グラフト共重合体 (graft copolymer. graft：つぎ木) とはあるポリマーに他種のポリマーが枝の形で結合したもののことである．例えば

```
… －AAA…AAAA…AAA－…
     |      |      |
     B      B      B
     B      B      B
     B      B      B
     |      |      |
     ⋮      ⋮      ⋮
```

　これらはモノマー A とモノマー B を普通に共重合させて得られるランダム配列のコポリマーと異なり，独特の性質を持っている．そのようなものは A だけのポリマー（ホモポリマー）と B だけのポリマーを混合しても得られそうに思うが，異なる構造の化合物は混ざりにくく，とくに高分子ではその傾向が著しく，混ぜようとしても相分離を起こしてしまう．ブロック共重合体，グラフト共重合体では A 単位の鎖と B 単位の鎖とが共有結合でつながれているので相分離は起こらないが，やはり A 鎖同士，B 鎖同士が集まりやすく，そのために特有の性質を示すのである．

　ブロック共重合体の合成法の原理は 2 通りある．1 つは A のポリマーの成長末端からモノマー B を重合させることであり，もう 1 つはポリマー A の末端とポリマー B の末端とを反応させ，結合をつくることである．グラフト共重合体の合成法も同様に，ポリマー A の鎖の途中からモノマー B を重合させる方法と，ポリマー A の鎖の途中とポリマー B の末端とを反応させて結合をつくる方法とがある．これらの方法の多くにおいては，末端が反応できるポリマーが必要であり，その目的のためにリビングポリマーが使えることはすぐ考えられるだろう．この意味で，本章で述べることはこれまでの各章で述べたことの応用である．

10.2　ブロック共重合体の合成

　アニオン付加重合のところで最初に述べた，アルカリ金属アルキルを開始剤とするスチレン，共役ジエンのリビング重合を使うと，スチレン–ブタジエン（またはイソプレン）–スチレンという 3 つの「ブロック」から成るブロック共重合体をつくることができる（式 (6.4)，(6.5) 参照）．

10.2 ブロック共重合体の合成

$$n\text{-}C_4H_9\text{-Li} + x\,CH_2=CH(C_6H_5) \longrightarrow n\text{-}C_4H_9\text{-}(CH_2\text{-}CH(C_6H_5))_{x-1}CH_2\text{-}CH(C_6H_5)\text{-Li} \tag{10.1}$$

(スチレン)

$$n\text{-}C_4H_9\text{-}(CH_2\text{-}CH(C_6H_5))_{x-1}CH_2\text{-}CH(C_6H_5)\text{-Li} + y\,CH_2=CH\text{-}CH=CH_2$$

(C_4H_6) ブタジエン

$$\longrightarrow n\text{-}C_4H_9\text{-}(CH_2\text{-}CH(C_6H_5))_x(C_4H_6)_y\text{Li} \tag{10.2}$$

ここで C_4H_6 はブタジエンの構造単位である．この単位には構造異性と幾何異性があり得る（式 (7.7)，(7.8)）のでこのように書いてある．式 (10.2) の生成物にスチレンを加えると ポリスチレン-ポリブタジエン-ポリスチレン という構造のブロック共重合体ができる．これは低温ではゴム，高温ではプラスチックという興味ある性質を示す（熱可塑性弾性体）．

ブロック共重合体の性質への期待からいえば，構造の非常に異なるモノマーからのブロック共重合体が興味深いが，そうしたモノマーは同じ反応機構では重合しにくいので，スチレンと共役ジエンの組合せのようにはいかないのが一般である．この点で興味深いのはアルミニウムポルフィリン錯体 (6-Ⅰ) による重合で，メタクリル酸メチルの付加重合でリビングポリマーができるが（式 (6.12)），これにエポキシドを加えるとこれも開環重合してリビングポリマーとなり（式 (8.11)），付加重合-開環重合という組合せで全く構造の異なるポリマー鎖をつないだブロック共重合体ができる．

$$(P)Al-X + x\,CH_2=C(CH_3)(C(=O)OCH_3) \longrightarrow (P)Al(MMA)_x X \quad (10.3)$$

メタクリル酸メチル(MMA)

$$(P)Al(MMA)_x X + y\,CH_2-CH(CH_3)\underset{O}{\diagdown} \longrightarrow (P)Al(PO)_y(MMA)_x X \quad (10.4)$$

プロピレンオキシド(PO)

アニオン重合をするモノマーとカチオン重合しかしないモノマーから上述のような方法でブロック共重合体をつくることはできない．こうしたブロック共重合体を合成する方法の1つは，アニオン重合でつくったリビングポリマーの成長末端をカチオン重合を開始できる化学種に変換することである．例えば

$$\cdots-CH_2-CH(Ph)-Li + Br_2 \longrightarrow \cdots-CH_2-CH(Ph)-Br \quad (10.5)$$

リビングポリスチレン
（アニオン重合）

$$\cdots-CH_2-CH(Ph)-Br + AgX \longrightarrow \cdots-CH_2-\overset{\delta+}{C}H(Ph)-\overset{\delta-}{X} + AgBr \quad (10.6)$$

$$\cdots-CH_2-\overset{\delta+}{C}H(Ph)-\overset{\delta-}{X} + \underset{CH_2-CH_2}{\overset{CH_2-CH_2}{O\diagup\diagdown}} \longrightarrow \cdots-CH_2-CH(Ph)-\overset{+}{O}\underset{CH_2-CH_2}{\overset{CH_2-CH_2}{\diagup\diagdown}}\;X^- \quad (10.7)$$

テトラヒドロフラン

以下，式(8.18)の反応によってテトラヒドロフランのカチオン開環重合が進み，ブロック共重合体ができる．もう1つの方法はアニオンリビングポリマー

の成長末端とカチオンリビングポリマーの成長末端を反応，結合させることである．

$$\cdots-CH_2-CH(Ph)-Na + CO_2 \longrightarrow \cdots-CH_2-CH(Ph)-CO_2^-Na^+ \quad (10.8)$$

リビングポリスチレン
（アニオン重合）

$$\cdots-CH_2-CH(Ph)-CO_2^-Na^+ + \underset{X^-}{\overset{CH_2-CH_2}{\underset{CH_2-CH_2}{\diagup}}}\overset{+}{O}\text{-}(CH_2)_4\text{-}O-\cdots$$

ポリテトラヒドロフランの成長末端
（カチオン重合）

$$\longrightarrow \cdots-CH_2-CH(Ph)-CO_2\text{-}(CH_2)_4\text{-}O\text{-}(CH_2)_4\text{-}O-\cdots \quad (10.9)$$

8.3.2項で述べたように，テトラヒドロフランの成長ポリマーの末端のオキソニウムイオンはいろいろな反応を起こす可能性があるが，対アニオン X^- の求核性が低いもの（例えば ClO_4^-）を選ぶと比較的安定である．一方，アニオン重合によるポリスチレンの成長末端の C-アルカリ金属は求核性が高く，オキソニウムイオンの O^+ の隣りの C-H と反応する可能性がある．これを避けるため，いったん CO_2 と反応させてカルボキシラートアニオンとして求核性を低下させているのが，上の例である．

ラジカル付加重合は工業的方法として有利なので，例えばポリマー鎖に過酸化物基やアゾ基を含む「ポリマー開始剤」を用いてほかのモノマーのラジカル重合を行う方法や，ポリマー鎖の末端に連鎖移動反応を起こしやすい基を導入したものを「ポリマー連鎖移動剤」として用いる方法で，ブロック共重合体の合成が行われてきた．後者の方法では

$$A \xrightarrow[\text{モノマー}]{\text{開始剤}} \cdots-AAAAA\cdot \quad (10.10)$$

$$\cdots-\text{AAAAA}\cdot \; + \; \cdots-\text{BBBBB}-\text{SH}$$
チオール基

$$\longrightarrow \; \cdots-\text{AAAAA}-\text{H} \; + \; \cdots-\text{BBBBB}-\text{S}\cdot \quad (10.11)$$

$$\cdots-\text{BBBBB}\cdot \; + \; \text{A} \; \longrightarrow \; \cdots-\text{BBBBB}-\text{AAAAA}-\cdots \quad (10.12)$$

しかしこれらの方法ではAポリマーラジカル同士，Bポリマーラジカル同士の反応も起こるので，ホモポリマーの生成は避けられない．

そこで，ラジカル付加重合においてリビングポリマーをつくることができればよいわけであるが，そのような実例があることは9.2節で説明した．その例がジチオカーバメート（$R-S-CS-NR_2$）を開始剤とする系であり（式（9.5）〜（9.8）），またTEMPO（9-I；p.161）の存在下での重合系である．これらの系によってスチレンとメタクリル酸メチルとのブロック共重合体も作れる．

10.3　グラフト共重合体の合成

グラフト共重合体の合成の最も一般的な方法は，ラジカル付加重合におけるポリマーへの連鎖移動反応（4.6節）を利用することである．ポリマーへの連鎖移動によって枝ができる．そこであるポリマーの存在下で別のモノマーに開始剤を加えて重合させる．系中に存在するラジカルを$R\cdot$とすると，例えば

$$R\cdot \; + \; \cdots-\text{CH}_2-\underset{X}{\text{CH}}-\text{CH}_2-\underset{X}{\text{CH}}-\text{CH}_2-\underset{X}{\text{CH}}-\cdots$$

$$\longrightarrow \; RH \; + \; \cdots-\text{CH}_2-\underset{X}{\text{CH}}-\text{CH}_2-\underset{X}{\overset{\cdot}{\text{C}}}-\text{CH}_2-\underset{X}{\text{CH}}-\cdots \quad (10.13)$$

$$\cdots-\text{CH}_2-\underset{X}{\overset{\cdot}{\text{C}}}- \; + \; \text{CH}_2=\underset{Y}{\text{CH}} \; \rightleftharpoons \; \cdots-\text{CH}_2-\underset{X}{\overset{\displaystyle(\text{CH}_2-\text{CHY})\!\!\!\rightarrow\cdots}{\text{C}}}-\cdots \quad (10.14)$$

column　ブロック共重合体，グラフト共重合体の例

本文の式 (10.2) のところで説明したように，リビングアニオン重合を利用して ポリスチレン-ポリブタジエン-ポリスチレン という構造のブロック共重合体を合成することができる（図）．共重合体の中で各ブロックの部分は分子鎖が互いに集合して微小な相分離構造をつくる．

ポリブタジエン鎖の部分は軟らかく，一方ポリスチレン鎖の部分は硬い．これがちょうど加硫によって一部橋かけした天然ゴム（シス-1,4-ポリイソプレン）と同様にゴム弾性を示す．高温ではポリスチレン部分が溶融し，全体として軟らかいプラスチック状になる．すなわち低温ではゴム，高温ではプラスチックの性質を示す熱可塑性弾性体である．

グラフト共重合を利用した材料の例に，非常に強靭なプラスチックの ABS 樹脂（アクリロニトリル-ブタジエン-スチレン樹脂：acrylonitrile-butadiene-styrene resin）がある．いろいろの製法があるが，その１つはポリブタジエンの存在下でスチレンとアクリロニトリルを共重合させたグラフト共重合体である．

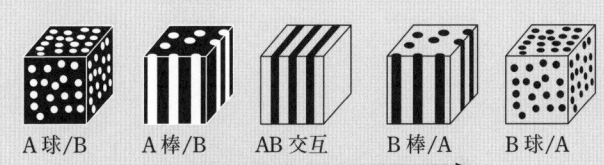

A球/B　A棒/B　AB交互　B棒/A　B球/A

A成分の増大（B成分の減少）

図　ブロック共重合体のミクロ相分離構造の模式図

この反応では第２のモノマーからのホモポリマーも生成するだろうし，枝の付かない元のポリマーも残るだろう．また枝の数や長さもわからない．しかしグラフト共重合体の特性を利用するときはこのような混合物でも十分な場合が多い．もちろん，ポリマー鎖の途中に開始剤となる基を導入しておき，そこから第２のモノマーの重合を開始させる方法も考えられる．

枝の数と長さのわかったグラフト共重合体を合成するにはリビングポリマーを利用することになる．第１のポリマーの鎖上にリビングポリマーの成長末端と反応する官能基があれば，そこで第２のモノマーからのリビングポリマーを

枝として結合させることができる．

　リビングポリマーの末端の反応性を利用してそこに重合反応を起こし得る基，例えば C=C 基を導入しておくと，これと別の C=C モノマーとを共重合させることによってグラフト共重合体が合成できる．このようなポリマーの末端に重合基を持つものをマクロモノマー（macromonomer）という．分子量分布のせまいリビングポリマーからのマクロモノマーの合成には，開始反応と停止反応の両方が利用できる．例えば

$$CH_2=CH-\underset{}{\bigcirc}-CH_2OK + x\ CH_2-CH_2\diagdown O \diagup$$

$$\longrightarrow CH_2=CH-\underset{}{\bigcirc}-CH_2O(CH_2CH_2O)_{\overline{x}}K \quad (10.15)$$

$$(P)Al-X + x\ CH_2-\underset{O}{\overset{CH_3}{\overset{|}{CH}}} \longrightarrow (P)Al(O-\overset{CH_3}{\underset{|}{CH}}-CH_2)_{\overline{x}}X$$

(P)：ポルフィリン

$$(P)Al(O-\overset{CH_3}{\underset{|}{CH}}-CH_2)_{\overline{x}}X + CH_2=\overset{CH_3}{\underset{|}{C}}-\underset{O}{\overset{\|}{C}}-Cl$$

$$\longrightarrow CH_2=\overset{CH_3}{\underset{|}{C}}-\underset{O}{\overset{\|}{C}}(O-\overset{CH_3}{\underset{|}{CH}}-CH_2)_{\overline{x}}X \quad (10.16)$$

これらをそれぞれスチレン，メタクリル酸メチルと共重合させると，長さのわかったポリエーテル構造の枝を持つポリスチレン，ポリメタクリル酸メチルが得られる．

第 11 章 網目構造の高分子

2つの官能基を持つ化合物の縮合重合,あるいは1つの二重結合を持つ化合物の付加重合によって線状の高分子が生成する.官能基の数が3つ以上の化合物の縮合重合や2以上の二重結合を持つ化合物の付加重合では,網目状の高分子が生成することになる.また付加反応と縮合反応がともに起こる場合にも網目状高分子になる.線状高分子と違って網目状高分子は不溶・不融となりその特徴を生かした用途がある.どんな例があるのかを考える.

11.1 線状でない高分子の特徴

これまでの章で扱ってきた高分子生成反応でできる高分子は基本的には線状である.枝のある高分子の例も出てきたが,これらも含めて,線状高分子は一般に何らかの溶媒に溶ける.また加熱すると溶融して液状となり,冷却すれば固化する.この変化は可逆である.

一方,鎖が網目状,三次元的につながった構造の高分子は溶媒に溶けない.分子鎖がばらばらになり得ないからである.また網目が密なものになると,同じ理由で,加熱しても溶融しない.このような高分子は力学的に強く熱的にも安定な材料として用いられるのであり,加熱・冷却により可逆的に溶融・固化する熱可塑性樹脂に対比して,熱硬化性樹脂と呼ばれる.

11.2 縮合重合における網目状高分子の生成

原理は簡単である.官能基を2つ持つ化合物からの縮合重合では線状高分子が生成するが,3つ(以上)の官能基を持つ化合物を原料として反応を行えば網目状高分子ができる.代表的な例はアルキド樹脂で,ジカルボン酸とグリセリン $HOCH_2CH(OH)CH_2OH$ のような3官能性アルコールとの間の縮合重合反応

によってつくられる.

ヒドロキシ基を A, カルボキシ基を B とすると, この反応では次のように枝分れのあるポリマーが生成する.

$$\text{A}{<}^{\text{A}}_{\text{A}} + \text{B–B} \longrightarrow {}^{\text{A}}_{\text{A}}{>}\text{AB–BA}{<}^{\text{AB–BA}}_{\text{B}}{<}^{\text{A}}_{\text{A}}\text{AB–BA}{<}^{\text{A}}_{\text{A}} \quad (11.1)$$

$$\text{B–BA}{>}\text{AB–BA}{<}^{\text{AB–B}}_{\text{A}}$$

そして末端の A と B の間の反応によって環, すなわち網目構造ができてくることもわかるだろう. 実際, この反応では反応の途中で系が粘液状から不溶のゲル状に変化するという現象が認められる. これはポリマーが巨大な網目状になったことを示す.

いま, カルボン酸とアルコールの反応においてそれぞれの官能基の数を f とし, 当初の全分子数を N_0 とすると, 官能基の総数ははじめ $N_0 f$ である. 反応度 p, 系の全分子数 N のときには $2(N_0 - N)$ 個の官能基が反応したのであるから, 反応度 p は次のように表される.

$$p = \frac{2(N_0 - N)}{N_0 f} \quad (11.2)$$

数平均重合度 $\bar{x}_\text{n}$ は N_0/N に等しい (式 (2.10) 参照) から,

$$p = \frac{2}{f} - \frac{2}{\bar{x}_\text{n} f} \quad (11.3)$$

と表される.

2官能性化合物同士の反応であると, $p = 2/f = 2/2 = 1$ のとき重合度 $\bar{x}_\text{n}$ が無限大になる. このことはすでに2.2節で述べた. 3官能性化合物同士の反応では, $p = 2/f = 2/3 (0.666\cdots)$ において重合度が無限大となることになる. $\bar{x}_\text{n} = 100$ のときには $p = 0.660$ と計算されるから, ここではわずか1%足らずの反応度が増加する間に分子量は急激に増大することとなり, 急激なゲル化の現象と対応する. なお上の取扱いでは3官能性化合物の各官能基の反応性は等しいものと仮定している.

11.3 付加縮合

　熱硬化性樹脂の代表はフェノール樹脂である．これはフェノールとホルムアルデヒドの反応でつくられるのであり，フェノールは3官能性の化合物として働く．いろいろな反応が起こり得て，生成物の構造は複雑である．酸触媒を用いる反応と，アルカリ触媒を用いる反応がある．

　酸触媒を用いる反応では，フェノールとホルムアルデヒドの水溶液（ホルマリン）の反応で前者に$-CH_2OH$基が付く（メチロール化）．

$$\text{フェノール} + \underset{\text{ホルムアルデヒド}}{CH_2=O} \xrightarrow{H^+} \text{(OH)C}_6\text{H}_4\text{-CH}_2\text{OH} \tag{11.4}$$

メチロール基の付く位置はいろいろある．複数のメチロール基の付いたものもできる．これは$(CH_2-O-H)^{\oplus}$による芳香族への求電子置換反応であるが，結果的にCH_2-Oが「付加」したと見ることもできる．このメチロールが酸触媒の存在下で反応して種々の結合をつくる．

$$\text{(OH)C}_6\text{H}_4\text{-CH}_2\text{OH} + H^+ \longrightarrow \text{(OH)C}_6\text{H}_4\text{-CH}_2\overset{+}{\underset{H}{O}}\text{-H} \tag{11.5}$$

$$\text{(OH)C}_6\text{H}_4\text{-CH}_2\overset{+}{\underset{H}{O}}\text{-H} + HO\text{-CH}_2\text{-C}_6\text{H}_4\text{(OH)} \xrightarrow{-H^+,\, H_2O} \text{(OH)C}_6\text{H}_4\text{-CH}_2\text{-O-CH}_2\text{-C}_6\text{H}_4\text{(OH)} \tag{11.6}$$

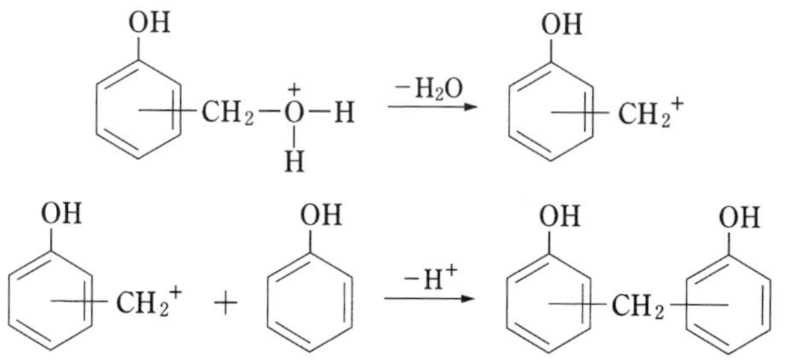

$$\text{(11.7)}$$

この方法で得られたフェノール樹脂はノボラック樹脂と呼ばれる．式 (11.6)，(11.7) の反応は「縮合」と見ることができるので，反応全体を「付加縮合」と呼ぶのである．

　アルカリ触媒を用いる反応ではフェノールがアニオンとなり，これがホルムアルデヒドへ求核的に反応する．

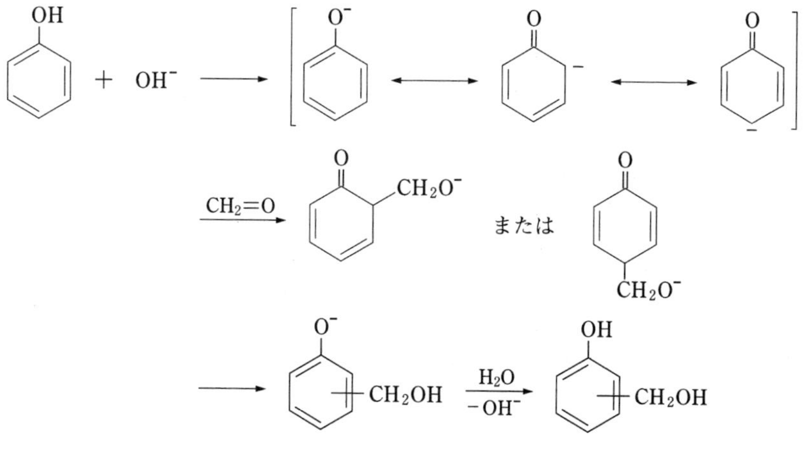

$$\text{(11.8)}$$

複数のメチロール基を持つものも生成する．この方法でつくったものをレゾール樹脂という．レゾール樹脂はさらに加熱すると式 (11.6)，(11.7) の反応が起こって網目状高分子になり，不溶・不融となる（硬化）．ノボラック樹脂ではメチロール基が少ないために，ヘキサメチレンテトラミン (**11-I**) のような硬化剤を加えて加熱し硬化させる．ここでも複数の芳香族環と硬化剤との間に反応

11.3 付加縮合

が起こり結合ができる．

フェノール樹脂の歴史は古く，高分子化学の分野が誕生する以前から材料として使われてきた．尿素とホルムアルデヒドの反応でつくる尿素樹脂は生産量が多い．酸触媒かアルカリ触媒を用いて反応させる．尿素の N-メチロール化が起こり，またメチロール基の反応が起こり，硬化する．

$$H_2N-\underset{\underset{O}{\|}}{C}-NH_2 + CH_2=O \quad \text{ホルムアルデヒド}$$
$$尿素$$

$$\longrightarrow H_2N-\underset{\underset{O}{\|}}{C}-NH-CH_2OH + HOCH_2-NH-\underset{\underset{O}{\|}}{C}-NH-CH_2OH$$

$$+ HOCH_2-NH-\underset{\underset{O}{\|}}{C}-N\underset{CH_2OH}{\overset{CH_2OH}{\diagup}} + \underset{HOCH_2}{\overset{HOCH_2}{\diagdown}}N-\underset{\underset{O}{\|}}{C}-N\underset{CH_2OH}{\overset{CH_2OH}{\diagup}}$$

$$(11.9)$$

$$\cdots-NH-\underset{\underset{O}{\|}}{C}-NH-CH_2OH + H_2N-\underset{\underset{O}{\|}}{C}-NH-\cdots$$

$$\xrightarrow{-H_2O} \cdots-NH-\underset{\underset{O}{\|}}{C}-NH-CH_2-NH-\underset{\underset{O}{\|}}{C}-NH-\cdots \quad (11.10)$$

11-I (構造式)

メラミン樹脂もメラミン (**11-II**) のホルムアルデヒドによるメチロール化を経て，不溶性の高分子となる．

11-II (構造式)

11.4 付加重合における網目状高分子の生成

付加重合においてモノマーが2つ（以上）の不飽和結合を持つ場合は，生成物は網目状の高分子になる．最も代表的な例はジビニルベンゼンである．ジビニルベンゼンには位置異性体があるが実用されるのはこれらの混合物である．一般にはスチレンに適当な割合のジビニルベンゼンを混ぜてラジカル開始剤により共重合させる．この生成物を橋かけポリスチレンと呼んでいる．見やすいようにパラ体について反応を示すと

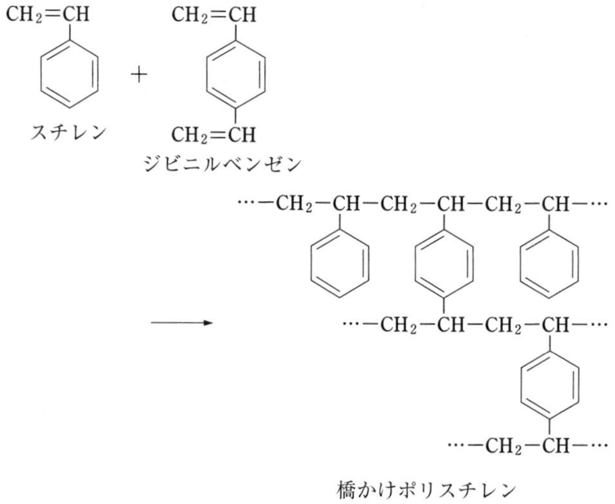

$$\text{スチレン} + \text{ジビニルベンゼン} \longrightarrow \text{橋かけポリスチレン} \tag{11.11}$$

橋かけポリスチレンはその芳香環にいろいろな官能基が導入できるので，それを利用した多様な用途がある（第12章）．

　2個の不飽和結合を持つモノマーの場合でも，それらの不飽和結合が適当な位置関係にある場合には同じ分子内で小さい網目，すなわち環ができ，全体として見ると線状の，可溶性の高分子になる場合がある．例えば

11.4 付加重合における網目状高分子の生成

column 　　高吸水性高分子

　粉末が100倍から1000倍もの重さの水を吸収して膨らみゼリー状になる高分子物質があり，紙オムツ，生理用ナプキンなどに用いられている．ポリアクリル酸ナトリウム系がその代表で，アクリル酸を一部中和し，橋かけのためのモノマーを少し加えて重合させてつくる．

$$CH_2=CH \atop | \atop COOH(Na)} \quad + \quad {CH_2=CH \atop | \atop CONH-CH_2-NHCO} \quad {CH=CH_2} \quad \longrightarrow \quad 橋かけ共重合体$$

アクリル酸（ナトリウム）

　アクリル酸のポリマーは水に溶け，中和すると $-COOH$ がイオン化して $-COO^-$ となり，互いに静電的に反発するため分子が大きく広がった形になる．実際，ポリアクリル酸の水溶液の粘度は中和によって大きく増大する．橋かけポリマーは不溶となるが水を吸収してゼリー状（ゲル）になり，イオン化した基の相互の静電反発のため著しく膨らむ（膨潤する）（図）．
　いったん吸収した水は多少圧力をかけても出てこないという，優れた保水性を示す．

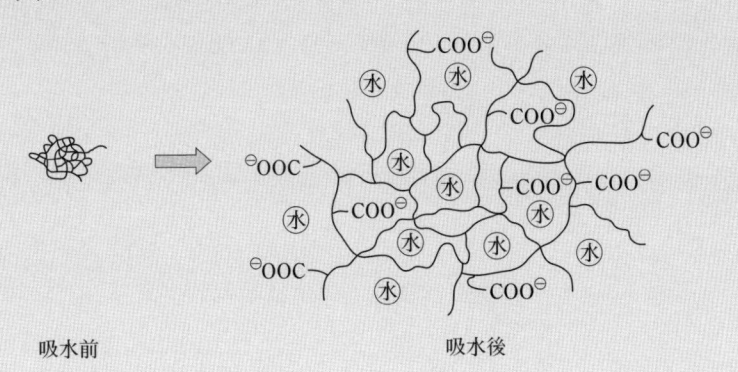

吸水前　　　　　　　　　吸水後

図　橋かけポリアクリル酸による吸水

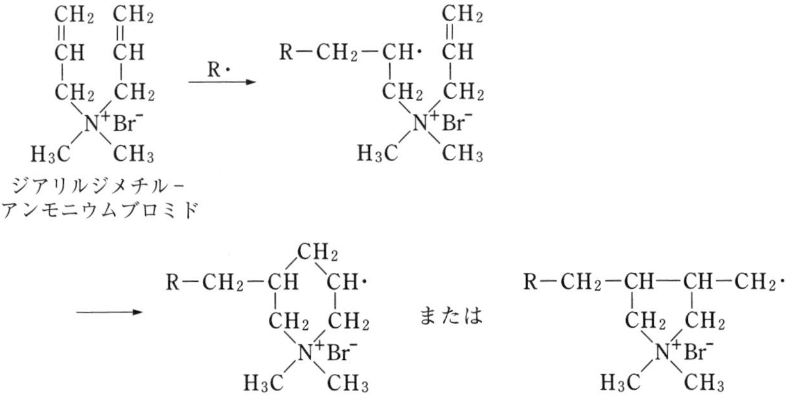

$$\begin{array}{c}\text{(ジアリルジメチル-}\\ \text{アンモニウムブロミド)}\end{array} \xrightarrow{R\cdot} \cdots \longrightarrow \text{11-III または 11-IV}$$

(11.12)

11-III が次のモノマーに付加すれば6員環が，11-IV が次のモノマーに付加すれば5員環ができることになる．このような構造の高分子を生成する反応を環化重合と呼んでいる．もっとも，全部の不飽和結合が環化に関与するとは限らないし，ジビニルベンゼンの場合のように橋かけが起こる可能性もある．生成物が可溶性の場合は後者は（ほとんど）起こっていないものと考えられる．

第 12 章　高分子の化学反応

　高分子化合物の行う反応を重合度の変化という観点から見ると，重合度の変化しない反応（官能基の変換），重合度の増大する反応（高分子間の橋かけなど），重合度の減少する反応（分解）がある．官能基の変換は高分子材料の改質や機能化に，橋かけは不溶化に利用される．不溶性高分子に官能基を付けたものは，その反応性と不溶性を利用するさまざまな用途がある．分解は普通の材料にとっては防止すべきことだが，それには分解機構の理解が必要である．

12.1　高分子も反応する

　ここまで，高分子化合物が生成する反応の特徴について述べてきたが，この章では合成した，あるいはすでに天然に存在する高分子化合物がさらに化学反応を行う場合のことについて考える．高分子化合物のほとんどは有機化合物であり，多くの場合同一の，または類似の構造単位が繰り返し結合した構造を持っているから，高分子化合物の行う反応は，基本的にはその繰り返し単位の行う反応と異なるところがないと考えられる．ただし高分子は多くの構造単位を持ち，それぞれに反応性基がある多官能性化合物である．低分子化合物においても多官能性化合物では，それらの官能基が独立にふるまうのでなく，互いに関連して反応する場合が多く知られている．非常に多くの官能基を持つ高分子化合物では，そのような特徴がより顕著に現れる可能性もある．

　第2に，高分子の構造単位間の多くの結合そのものが化学反応を行うことも当然考えられる．その反応自体も化学反応としては低分子化合物の行う反応と本質的には違いがないだろうが，結果として「高分子であること」に対して本質的な影響をもたらすことになり得る．つまり，高分子の化学反応の結果，生成物の重合度が元と同じで変化しないか，増大するか，減少するか，の3つの

場合が考えられる．この章ではこの観点から高分子の化学反応について考える．

12.2　官能基の変換

側鎖に官能基を持つ高分子に，主鎖の結合とは反応せずその官能基と反応する試薬を作用させれば，**重合度は変化せず**，官能基の変換が起こる．すでに出てきた例であるが (4.6 節)，ポリ酢酸ビニルからポリビニルアルコールへの変換はその代表的な例である．

$$\begin{array}{c} {-}(CH_2-CH)_x \\ | \\ O \\ | \\ C=O \\ | \\ CH_3 \\ \text{ポリ酢酸ビニル} \end{array} \xrightarrow[H_2O]{\text{アルカリ}} \begin{array}{c} {-}(CH_2-CH)_x \\ | \\ OH \\ \text{ポリビニルアルコール} \end{array} \quad (12.1)$$

この変換によって性質は大きく変化する．ポリ酢酸ビニルは軟らかい固体でチューインガムのベースなどとして使われ，有機溶媒に溶け，水に溶けない．ポリビニルアルコールはさらさらした固体で，X 線回折像は結晶性部分の存在を示す．有機溶媒に溶けず，水に溶け，のり（使用後水で洗い除くことができる）として使われる．式 (12.1) は酢酸ビニルのすべての酢酸エステル基がヒドロキシ基に変換されたように書かれているが，もちろんさまざまな程度に変換を行うことができ，実際そのような製品が用途に応じてつくられている．

ちなみに，ポリビニルアルコールに相当するモノマーは「ビニルアルコール」であるが，このものは実在しない．ケト－エノール互変異性により，実在するのはケト型のアセトアルデヒドだからである．

$$\begin{array}{c} CH_2=CH \\ | \\ OH \\ \text{「ビニルアルコール」} \end{array} \rightleftarrows \begin{array}{c} CH_3-CH \\ \| \\ O \\ \text{アセトアルデヒド} \end{array} \quad (12.2)$$

ポリビニルアルコールは高分子の化学反応によってはじめてつくれる高分子というわけである．

ポリビニルアルコールのヒドロキシ基をさらに変換することももちろんでき

る．代表例はホルムアルデヒドとの反応によるアセタールへの変換である．アセタールはアルデヒドとアルコール2分子の反応によって生成する形の化合物の一般名である．

$$R-CH=O + 2R'OH \xrightarrow{\text{酸触媒}} R-CH\begin{matrix}OR'\\OR'\end{matrix} + H_2O \quad (12.3)$$

アセタール

ポリビニルアルコールは多価のアルコールであるからホルムアルデヒドとの間でこの反応が起こる．とくに生成物が6員環になるような2つのヒドロキシ基が関与する反応が起こりやすいと考えられる．

$$\begin{matrix}&CH_2&&&&CH_2&\\-CH_2-CH&CH-CH_2-CH-CH_2-CH&CH-\\&OH\ OH&OH&OH\ OH\end{matrix} + x\,CH_2=O$$

$$\xrightarrow{-H_2O}\quad -CH_2-CH\overset{CH_2}{\underset{O\ \ \ O}{}}CH-CH_2-CH-CH_2-CH\overset{CH_2}{\underset{O\ \ \ O}{}}CH-$$

$$\qquad\qquad\qquad\qquad\qquad\qquad\qquad\qquad\qquad (12.4)$$

上に述べたようにポリビニルアルコールは結晶性で，繊維になる．これを部分的にアセタール化してヒドロキシ基の含量を減らしたものは水に不溶の繊維である．これが日本で開発された合成繊維ビニロンである．もし式 (12.4) のような形でアセタール化が起こると式の中央のヒドロキシ基は孤立してアセタール化反応を起こさないことになるが，実際このことは確かめられている．もちろん，隣り合わないヒドロキシ基間や，異なる分子のヒドロキシ基間でのアセタール化も起こっている可能性は否定できない．

　天然高分子のセルロースはほとんどの溶媒に溶けないが，ヒドロキシ基をアセチル化したアセチルセルロース（酢酸セルロース，セルロースアセテート，また単にアセテート）は，アセチル化の程度によって種々の有機溶媒に可溶となり，繊維，フィルムが製造される．

column　レーヨンとセロファン

　繊維は天然繊維と人造繊維に大別され，後者をさらに合成繊維，半合成繊維，再生繊維に分ける．第1にはナイロン，ポリエステル，ビニロンなどが，第2にはアセチルセルロース（アセテート）が例としてある．第3の例がレーヨンである．

　レーヨンの代表的製法では，まずセルロースを水酸化ナトリウムと反応させてアルカリセルロースとし，これを二硫化炭素と反応させてセルロースザンテートにする．その水溶液がビスコースで，これを酸性の水に入れるとセルロースが再生する．

$$\text{Cell－OH} \xrightarrow{\text{NaOH}} \text{Cell－ONa} \xrightarrow{\text{CS}_2} \text{Cell－O－CS}_2\text{Na} \xrightarrow[\text{H}^+]{\text{H}_2\text{O}} \text{Cell－OH}$$

セルロース　　　アルカリセルロース　　　セルロースザンテート　　　再生セルロース

このとき糸の形にしたものがレーヨンで，フィルムの形にしたものがセロファンである．

　この高分子の化学反応を含む複雑なプロセスが，高分子化学の誕生より前に工業化されたことは驚くべきことといえる．

$$\text{セルロース} \xrightarrow[\text{(Ac}=-\overset{\text{O}}{\underset{\|}{\text{C}}}-\text{CH}_3)]{\text{Ac}_2\text{O/AcOH}} \text{アセチルセルロース}$$

(12.5)

　飽和炭化水素は反応性に乏しいのが特徴であり，ポリエチレンもその例にもれないが，メタンと塩素の混合物に光を当てるとメタンの塩素化が起こると同様，ポリエチレンも塩素化ができ，ポリ塩化ビニルに似た性質の材料になる．ポリスチレンのベンゼン環への置換反応を用いたさまざまな官能基の導入が可能であり，生成物の用途は多様である．これについては後に述べる．

12.3 高分子と高分子の反応

　同種，あるいは異種の高分子の間に反応が起こり，それらの分子の間に結合ができれば重合度は増大することになる．高分子間の反応には3つの場合がある．

　第1は高分子の末端同士の結合で，異種の高分子の間の反応であれば生成物はブロック共重合体となる．しかし10.2節に述べたように，より一般的で効率のよいブロック共重合体の合成法は，リビングポリマーの成長末端から別種のモノマーを重合させることである（これも高分子の化学反応であるが）．

　第2はある高分子の末端の反応性基と別の高分子の鎖の途中の官能基との反応で結合をつくることで，生成物はグラフト共重合体となる．このことについてもすでに触れた（10.3節）．

　第3は高分子の鎖の途中で分子間の結合をつくることである．分子鎖上の官能基を分子間で反応させるとそれらの分子は短い結合で結ばれる．一方，両末端に官能基を持つ分子を用い，それと2つの高分子鎖の官能基を反応，結合させると，2つの高分子鎖は両末端官能性分子の長さに相当するだけへだてられて結合することになる．

　このような反応を橋かけ（架橋：crosslinking）という．分子間に複数の橋かけができると網目構造を持つ高分子となり，不溶・不融の生成物ができる．同様の構造のものを高分子生成反応によってつくることについては第11章で述べた．

12.4 橋かけ

　橋かけの代表的な例は天然ゴムの加硫（vulcanization）である．パラゴムノキの樹液から分離した生ゴムには「ゴム」らしい弾性はない．これに種々の配合剤（量的に多いのはカーボンブラック．自動車タイヤの黒色はこれによる）を加え，固体の混合物を練って成型する．配合剤の中で最も重要なのが硫黄で，成型品を加熱するとこれが橋かけ反応を起こし，弾性を持つゴムの製品が得られる．

硫黄による橋かけの機構は十分によくわかってはいないが，硫黄から生じたラジカルがゴム分子（シス-1,4-ポリイソプレン）の二重結合の隣りの CH_2 から水素を引き抜き，主鎖上にできたラジカルの反応によって橋かけが起こると考えられている．

$$S_8 \xrightarrow{加熱} \cdot S_8 \cdot \longrightarrow \cdot S_n \cdot + \cdot S_{8-n} \cdot$$
（環状構造）

$$-CH_2-\underset{|}{\overset{CH_3}{C}}=CH-CH_2- + \cdot S_n \cdot \longrightarrow -CH_2-\underset{|}{\overset{CH_3}{C}}=CH-\overset{\cdot}{CH}- \quad (12.6)$$
11- I

$$11\text{-}I \longrightarrow \begin{array}{c} -CH_2-\underset{|}{\overset{CH_3}{C}}=CH-CH- \\ | \\ -CH_2-\underset{|}{\overset{|}{C}}=CH-CH- \\ CH_3 \end{array} \quad または \quad \begin{array}{c} -CH_2-\underset{|}{\overset{CH_3}{C}}=CH-CH- \\ | \\ S_n \\ | \\ -CH_2-\underset{|}{\overset{|}{C}}=CH-CH- \\ CH_3 \end{array}$$

$$または \quad \begin{array}{c} -CH_2-\underset{|}{\overset{\overset{CH_3}{|}}{C}}-CH=CH- \\ S_n \\ | \\ -CH-CH=CH-CH_2- \\ | \\ CH_3 \end{array} \quad (12.7)$$

合成ゴムの代表はスチレンとブタジエンのラジカル共重合によってつくるスチレン-ブタジエンゴム（SBR）であるが，これも同様の方法で加硫する．カチオン重合によるブチルゴムの製造（6.3 節）においても，少量のイソプレンを共重合させ不飽和結合を含ませておき加硫が行えるようにしてある．エチレン-プロピレンゴムの製造（7.7 節）においても，第 3 成分としてジシクロペンタジエン，1,4-ヘキサジエンのような非共役ジエンを加えて不飽和基を導入しておくと，加硫ができる．

橋かけに使える官能基は多様である．強力な接着剤であるエポキシ樹脂は，エピクロロヒドリンとビスフェノール A の反応によって製造される．

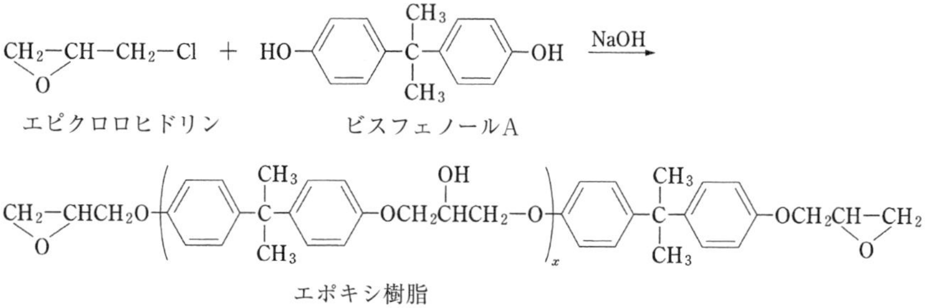

12.4 橋かけ

$$\text{CH}_2-\text{CH}-\text{CH}_2-\text{Cl} + \text{HO}-\text{C}_6\text{H}_4-\text{C}(\text{CH}_3)_2-\text{C}_6\text{H}_4-\text{OH} \xrightarrow{\text{NaOH}}$$

エピクロロヒドリン　　　　ビスフェノールA

$$\text{CH}_2-\text{CHCH}_2-\text{O}+\left[\text{C}_6\text{H}_4-\text{C}(\text{CH}_3)_2-\text{C}_6\text{H}_4-\text{OCH}_2\text{CHCH}_2-\text{O}\right]_x\text{C}_6\text{H}_4-\text{C}(\text{CH}_3)_2-\text{C}_6\text{H}_4-\text{OCH}_2\text{CH}-\text{CH}_2$$

エポキシ樹脂

(12.8)

これはあまり重合度の大きくない生成物であるが，例えば複数のアミノ基を有する化合物と反応させるとエポキシ基に付加して橋かけが起こり，硬化する．

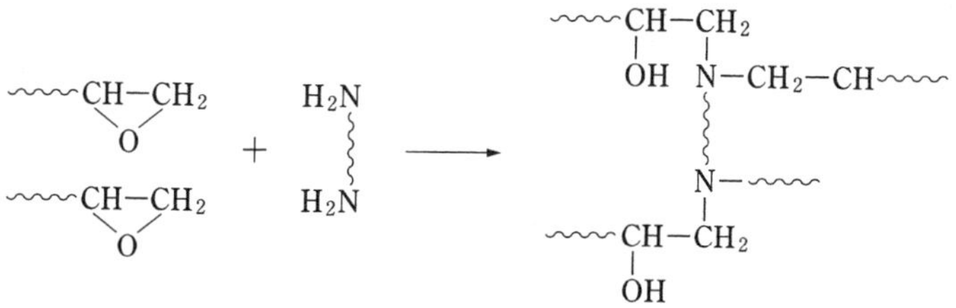

$$\begin{array}{c}\sim\text{CH}-\text{CH}_2\\ \diagdown\text{O}\diagup\\ \sim\text{CH}-\text{CH}_2\\ \diagdown\text{O}\diagup\end{array} + \begin{array}{c}\text{H}_2\text{N}\\ \sim\\ \text{H}_2\text{N}\end{array} \longrightarrow \begin{array}{c}\sim\text{CH}-\text{CH}_2\\ \text{OH}\quad\text{N}-\text{CH}_2-\text{CH}\sim\\ \quad\quad\quad\mid\\ \quad\quad\quad\text{N}\sim\\ \sim\text{CH}-\text{CH}_2\\ \text{OH}\end{array}$$

(12.9)

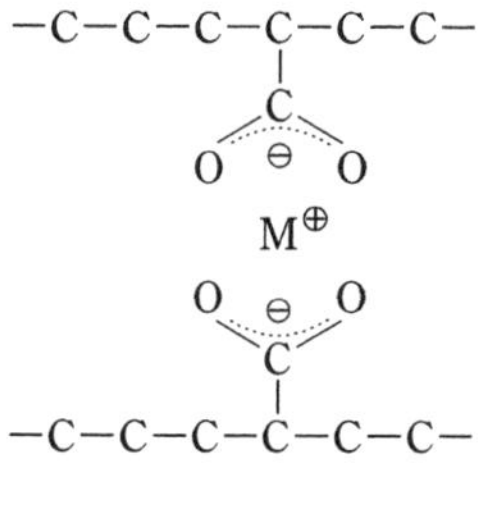

共有結合でなくイオン結合による橋かけが利用されているのがイオノマー（アイオノマー：ionomer）である．エチレンと少量のアクリル酸またはメタクリル酸との共重合体で，酸の部分を Ca^+, Mg^+, Zn^+ などの塩にすると分子間の塩の形成によって右図のようなイオン橋かけ構造ができる．加熱するとイオン橋かけが弱くなるので熱可塑性樹脂として扱え，成型ができる．常温に戻せば再び橋かけ構造となる．

ポリアクリル酸ナトリウムのような高分子電解質（イオン性基を持つ高分子）をわずかに橋かけしたものは，自重の 100〜1000 倍もの水を吸収して膨潤し，ヒドロゲルになる．この高吸水性高分子は，力を加えても水が出てこない．

これはイオン性基間の反発により高分子鎖が広がろうとすることと，橋かけのため高分子がゴムと同様の弾性を示すこととのバランスによって現れる性質である．紙オムツ，生理用品などに用いられる（コラム「高吸水性高分子」(p. 181)を参照）．

　光化学反応を利用する橋かけの応用に感光性樹脂（フォトレジスト：photoresist）がある．代表的な例はポリビニルアルコールの一部にケイ皮酸エステル基を導入したものである．ケイ皮酸が光によって2量化し，シクロブタン環を形成することは古くから知られていて，その原理を利用するのである．

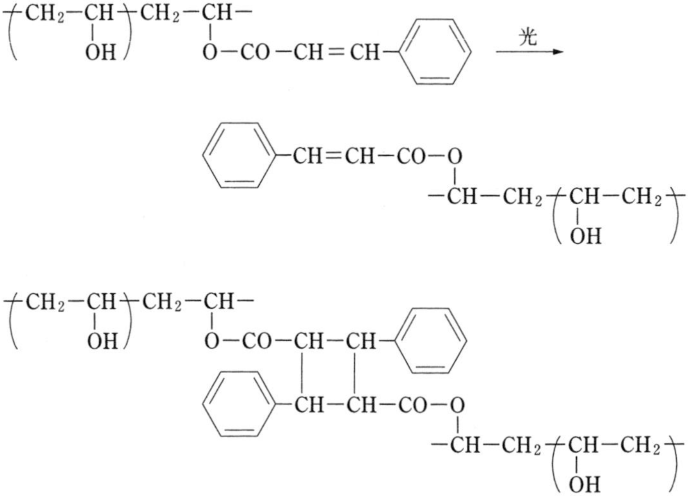

$$\text{(12.10)}$$

元の高分子は水に可溶であるが，光により橋かけが起こると不溶化する．そこで写真と同じ原理で，基板にこの高分子を塗布し，上にネガを置き，光を当てると光の透過した部分だけ不溶化する．水で洗えばその部分だけが画像として残る．写真製版，プリント配線，集積回路の製作などに広く用いられている．

　12.2節で高分子の官能基の変換の例をあげたが，同一分子内で官能基の間の反応が起こることもある．ポリアクリロニトリルを加熱していくと，次第に黄色から赤褐色を経て黒くなる．このとき分子内でニトリル基間の反応が起こり，はしご型の構造（ラダーポリマー）が形成されていると考えられている．もち

ろん分子間での反応，橋かけも起こっているだろう．ポリアクリロニトリルの繊維の加熱をさらに続け 1000〜2000 ℃ にすると，結局は窒素もとれて黒鉛化が起こり，高強度，高弾性率，耐熱性の炭素繊維となる．

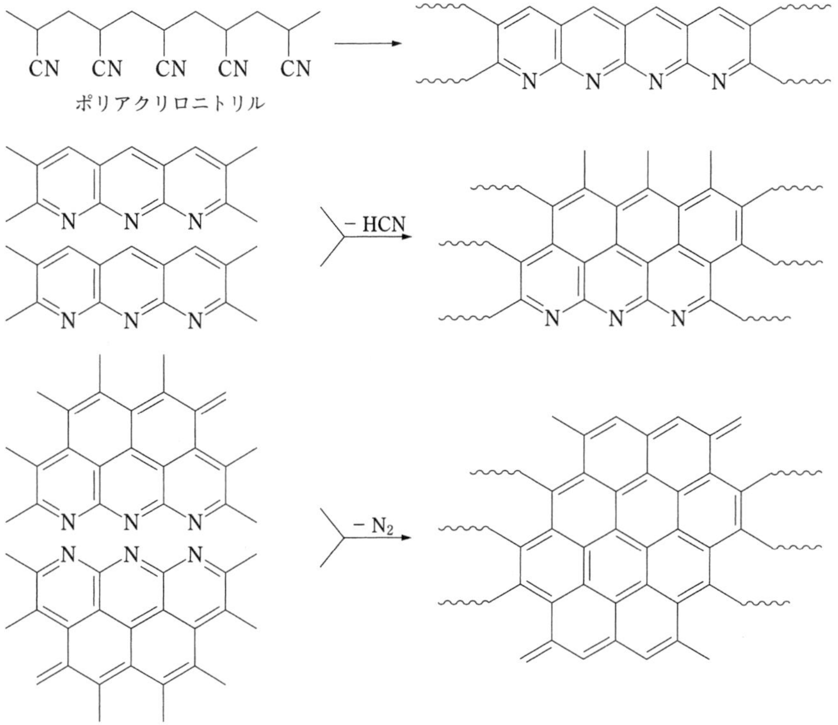

(12.11)

12.5 高分子の分解

　高分子の主鎖が切断される反応が起これば，重合度は低下する．縮合重合反応でつくる高分子の代表であるポリエステルやポリアミドは，条件によっては加水分解を受けて主鎖が切断される可能性を本質的に持っている．実用的に役立つ材料は，通常の条件ではこのような反応が起こりにくいものである．
　一方，炭素-炭素結合は一般には切断されにくい．炭素-炭素結合を主鎖に持つ高分子は，主に付加重合反応でつくる．では，このタイプの高分子は分解さ

れにくいのだろうか．答えは，分解の起こりやすさはその高分子の構造と反応条件によるという，きわめて当然のことになる．高分子化合物を材料として使う場合を考えると，分解は好ましいことではない．性質の変化（劣化）を徐々に引き起こし，脆くなったり，硬くなったり，色が着いたりして，ついには実用に耐えなくなるからである．

分解の原因は，熱，光，酸素，水，微生物，繰り返される変形による疲労など，さまざまである．

12.5.1 熱分解

炭素-炭素結合を主鎖とする高分子では，その構造によって主鎖の切断と側鎖の反応とが起こる．主鎖が切断するときには，分子の末端から順に切れていく場合と，分子鎖の任意の場所で切断される場合とがある．

このことに関して，試料を例えば200〜300℃に加熱したときの重合度の変化から見ると対照的な2つの場合がある．熱分解の生成物が低分子だと，それは高温では気体として失われ高分子の重量は減少する．この重量の減少率と，残った高分子の重合度の関係を示したのが**図12.1**である．

ポリメタクリル酸メチルでは重合度の低下はゆっくりと起こるのに対し，ポリエチレンでは重合度は急激に低下する．これはポリエチレンでは主鎖の切断が任意の位置で起こることを示す（ランダム分解）．一方，ポリメタクリル酸メチルでは末端（あるいは弱い結合部）から重合の成長反応と逆の逆成長反応によって解重合が起こることが示唆される．実際ポリメタクリル酸メチルの熱分解ではほぼ定量的にモノマーのメタクリル酸メチルが生成する．これに対し，ポリエチレンの熱分解では種々の炭水化物の混合物が生成し，エチレンの収率はわずかである（**表12.1**）．

このような分解の仕方の違いは，主鎖の切断により生成するラジカルの安定性と，ポリマーが連鎖移動を起こしやすい結合を持つかどうかで決まる．

12.5 高分子の分解

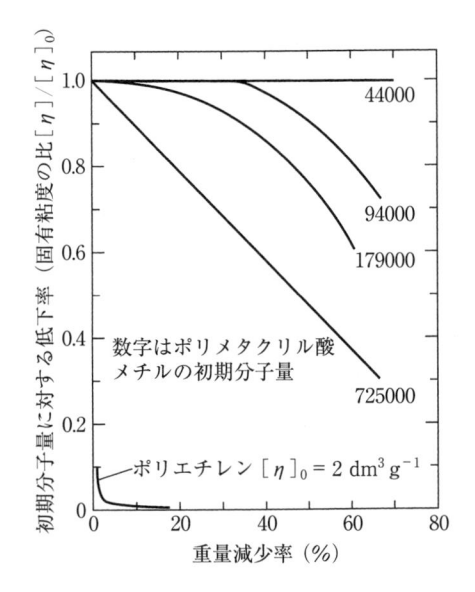

図 12.1 高分子の分解における分子量低下と重量減少率
L. Reich, S. S. Stivala（松崎 啓，大沢善次郎 共訳）: "自動酸化", p. 381, 丸善 (1972)

グラフ中の表記: 初期分子量に対する低下率（固有粘度の比 $[\eta]/[\eta]_0$）, 重量減少率 (%), 数字はポリメタクリル酸メチルの初期分子量（44000, 94000, 179000, 725000）, ポリエチレン $[\eta]_0 = 2 \text{ dm}^3 \text{ g}^{-1}$

表 12.1 高分子の熱分解におけるモノマーの収率

高 分 子	モノマーの収率 (%)	高 分 子	モノマーの収率 (%)
ポリメタクリル酸メチル	100	ポリイソブチレン	32
ポリテトラフルオロエチレン	100	ポリイソプレン	11
ポリ α-メチルスチレン	100	ポリエチレン	3
ポリスチレン	42		

$$\cdots-CH_2-\underset{\underset{COOCH_3}{|}}{\overset{\overset{CH_3}{|}}{C}}-CH_2-\underset{\underset{COOCH_3}{|}}{\overset{\overset{CH_3}{|}}{C}}\cdot$$

$$\xrightarrow{\text{逆成長}} \cdots-CH_2-\underset{\underset{COOCH_3}{|}}{\overset{\overset{CH_3}{|}}{C}}\cdot \quad + \quad CH_2=\underset{\underset{COOCH_3}{|}}{\overset{\overset{CH_3}{|}}{C}} \qquad (12.12)$$

$$\cdots-CH_2-CH_2\cdot \xrightarrow[\text{連鎖移動}]{\text{ポリエチレン}} \cdots-CH_2-CH_3 + \cdots-\overset{\cdot}{C}H-CH_2-CH_2-\cdots$$
$$\longrightarrow \cdots-CH=CH_2 + \cdot CH_2-\cdots \qquad (12.13)$$

解重合反応 (式 (12.12)) の速度がある温度で逆の重合反応と等しくなり，この温度を天井温度と呼ぶことはすでに述べた (5.6 節)．ポリメタクリル酸エステル類は電子線の照射によっても同様に解重合を起こす．これを利用して式 (12.10) とは逆に，照射されない部分に画像の残る感光性材料とする．

側鎖が脱離反応を起こしやすい構造のポリ塩化ビニル，ポリビニルアルコールでは，主鎖の切断よりも低い温度で側鎖の脱離が起こる．例えばポリ塩化ビニルでは脱塩化水素が起こる．

$$\begin{array}{c}-CH_2-CH-CH_2-CH-CH_2-CH-\\ \quad\ \ |\qquad\quad\ |\qquad\quad\ |\\ \quad\ \ Cl\qquad\quad Cl\qquad\quad Cl\end{array}$$
$$\xrightarrow{-HCl} \begin{array}{c}-CH_2-CH-CH=CH-CH_2-CH-\\ \quad\ \ |\qquad\qquad\qquad\qquad\quad |\\ \quad\ \ Cl\qquad\qquad\qquad\qquad\ Cl\end{array} \quad (12.14)$$

いったん二重結合が生成すると，隣接する C–H の反応性が高くなって脱 HCl が起こりやすくなり，共役二重結合が生成していく．これはポリ塩化ビニルを長く使っていると着色する主な原因である．

$$\begin{array}{c}-CH_2-CH-CH=CH-CH_2-CH-\\ \quad\ \ |\qquad\qquad\qquad\qquad\quad |\\ \quad\ \ Cl\qquad\qquad\qquad\qquad\ Cl\end{array}$$
$$\xrightarrow{-HCl} \begin{array}{c}-CH_2-CH-CH=CH-CH=CH-\\ \quad\ \ |\\ \quad\ \ Cl\end{array} \quad (12.15)$$

12.5.2 酸化分解

酸素 O_2 はラジカルと反応しやすいので，何らかの理由で高分子の鎖上にラジカルができるとペルオキシドラジカルが生成する．この「理由」は必ずしもはっきりしないが，微量でもラジカルが生成すれば連鎖的に反応が進む．ポリプロピレンはメチル基を持つため，ポリエチレンよりも酸素との反応が起こり

やすい.

$$\cdots-CH_2-\underset{\underset{CH_3}{|}}{CH}-CH_2-\underset{\underset{CH_3}{|}}{CH}-CH_2-\cdots \xrightarrow[-RH]{R\cdot} \cdots-CH_2-\underset{\underset{CH_3}{|}}{CH}-CH_2-\underset{\underset{CH_3}{|}}{\underset{\cdot}{C}}-CH_2-\cdots$$
ポリプロピレン

$$\xrightarrow{O_2} \cdots-CH_2-\underset{\underset{CH_3}{|}}{CH}-CH_2-\underset{\underset{O_2\cdot}{|}}{\underset{CH_3}{\overset{|}{C}}}-CH_2-\cdots \xrightarrow[-R\cdot]{RH} \cdots-CH_2-\underset{\underset{CH_3}{|}}{CH}-CH_2-\underset{\underset{O-O-H}{|}}{\underset{CH_3}{\overset{|}{C}}}-CH_2-\cdots$$
ペルオキシドラジカル

$$\longrightarrow \cdots-CH_2-\underset{\underset{CH_3}{|}}{CH}-CH_2-\underset{\underset{O\cdot}{|}}{\underset{CH_3}{\overset{|}{C}}}-CH_2-\cdots + \cdot OH$$

$$\longrightarrow \cdots-CH_2-\underset{\underset{CH_3}{|}}{CH}-CH_2-\underset{\underset{O}{\|}}{\underset{CH_3}{\overset{|}{C}}} + \cdot CH_2-\cdots \qquad (12.16)$$

炭化水素のこのような「自動酸化」はよく知られている．高分子では主鎖の切断が起こることになる．ゴム（シス-1,4-ポリイソプレン）のように主鎖に二重結合を含むものはその隣りのC-Hのラジカルによる引抜きがさらに起こりやすいので，酸化分解も起こりやすい．古いゴムがぼろぼろになるのはそのためである．

12.5.3 光分解

通常の炭素-炭素結合は直接には光によって切断されないが，例えばポリエチレンも微量のカルボニル基を含み，これが励起されることにより光分解がはじまる．

$$-CH_2-CH_2-\underset{\underset{O}{\|}}{C}-CH_2-CH_2- \xrightarrow{光} -CH_2-CH_2-\underset{\underset{O}{\|}}{C}\cdot + \cdot CH_2CH_2-$$
ポリエチレン

$$\downarrow$$

$$-CH_2-CH_2\cdot + CO \qquad (12.17)$$

$$\begin{array}{c}\text{H}\\|\\-\text{C}-\text{CH}_2-\text{CH}_2-\text{C}-\\|\quad\quad\quad\quad\quad\quad\parallel\\\text{H}\quad\quad\quad\quad\quad\quad\text{O}\end{array}\xrightarrow{光}\left[\begin{array}{c}\text{H}\quad\text{CH}_2-\text{CH}_2\\\diagdown\diagup\quad\quad\quad\diagdown\\\text{C}\quad\quad\quad\quad\text{C}-\\\diagup\diagdown\quad\quad\quad\diagup\\|\quad\text{H}\cdots\cdots\text{O}\\\quad\quad\quad\quad\quad *\end{array}\right]\longrightarrow\begin{array}{c}\text{H}\quad\quad\text{CH}_2\\\diagdown\quad\quad\diagdown\\\text{C}\quad\quad\quad\text{C}-\\\diagup\quad\quad\diagup\\\text{H}-\text{O}\\\quad\quad\downarrow\\\text{CH}_3\\\diagdown\\\text{C}-\\\diagup\\\text{O}\end{array}$$

*励起状態を示す

(12.18)

カルボニル化合物のこれらの光化学反応はそれぞれノリッシュ (Norrish) I 型，ノリッシュII型の反応としてよく知られている．高分子の場合には上のように主鎖の切断反応となる．酸素の存在下では，光化学反応によって生じたラジカルが酸素と反応して酸化分解が起こる．

一酸化炭素とエチレンは共重合反応でケトン基を含む高分子を与える (8.9 節)．これは当然光分解性を持つ．大量に生産，消費され使用後捨てられるプラスチック製品の「処理」と関連して光分解性高分子に関心が持たれているが，かさ高い製品が脆くなり粉末になっただけでは問題は見かけ上解消したようでも本質は変らず，環境に却って悪影響を及ぼす懸念もあることを認識しておくことが必須である．

12.5.4 高分子の安定化

実際に高分子材料を使う条件では，熱，光，酸素などの関与する分解が相乗的に起こることが多い．例えばポリ塩化ビニルに脱塩化水素 (式 (12.14)) が起こると二重結合が生成し，これに隣接する C–H の反応性が高くなるためこれらの関与する橋かけ反応が起こり，材料は脆くなる．酸化分解も起こりやすくなり，その結果カルボニル基ができると光分解も受けやすくなる (式 (12.17))．

このような高分子の分解を防止すること (安定化) は材料としての実用上きわめて重要である．酸化分解と光分解を防止するための添加物 (安定剤) を混ぜることはしばしば行われている．空気中の酸素による酸化反応はラジカル機

column 高分子材料のケミカル・リサイクル

高分子材料は各種化学製品の中でも生産量が大きく，とりわけフィルム，ボトル，トレーのような包装材料に使われるプラスチックは使い捨ての用途が多く，使用後の処理が社会的にも大きい問題となっている．対処の仕方として最も望ましいのは，本当に必要な量だけをつくり生産量を減らす（reduce）ことであるが，生産したものの処置の方法として まず製品そのものを再利用する（reuse）ことが望ましい．その次に位置する方法が材料の再利用（リサイクル：recycle）である．

プラスチックのリサイクルにも，表のようにいろいろの方法がある．
ケミカル・リサイクルは，例えばペットボトルを加水分解にかけて原料のテレフタル酸とエチレングリコールに戻すことである．トレーに使われたポリスチレンは熱分解にかけるとかなりの割合でモノマーのスチレンに戻る．しかしもっと生産量の多いポリエチレンは熱分解にかけてもモノマーのエチレンには戻らない．生成物はいろいろの炭化水素の混合物なので，これをそのまま燃料にして使うという考えもある（フューエル・リサイクル）．しかしどのような方法にせよ，リサイクルにはそのプロセスのための費用と労力が必要であることを忘れてはならない．

表　プラスチックのリサイクルの種類

1. 材料まで戻す．再生材料として利用．	マテリアル・リサイクル
2. 原料まで戻す．化学反応，熱分解．	ケミカル・リサイクル
3. 資源まで戻す．熱分解で燃料油．	フューエル・リサイクル
4. 燃やして熱エネルギーを利用．	サーマル・リサイクル

構で進むので（式(12.16)），生成したラジカルをただちに捕捉する物質として抗酸化剤（antioxidant）が添加される．代表例は 2,6-ジ-*tert*-ブチル-4-メチルフェノールである．光分解の防止のためには紫外線吸収剤が用いられ，ベンゾフェノン誘導体はよく使われる例である．

12.5.5 生分解性

　合成高分子は一般にセルロースやタンパク質のような天然高分子と違って微生物によって分解されない．そこで大量生産・消費・廃棄された高分子材料の「処理」が問題となっていることは，光分解のところで述べた．そこで同様の発想から生分解性 (biodegradability) を持つ高分子への関心がある．しかしここでも，問題は光分解性高分子と同じである．分解生成物の運命，環境への影響は当然明らかになっていなければならない．

　そのような目的でなく，生分解性そのものが本質的な意味を持つ材料として用いられる場合は，話は別である．医用材料であるが，一定期間経つと自然に体内で分解・吸収されてしまう高分子が，手術用縫合糸として実用されている．それはグリコール酸の重縮合体，または乳酸との共重縮合体に相当するものである．実際には，グリコール酸や乳酸を加熱し脱水反応でできる主生成物は環状の2量体で，それぞれグリコリド，ラクチドと呼ばれる (2.5節参照)．これらをスズアルコキシドなどを開始剤として開環重合させると高重合度のポリエステルができる．

$$\begin{array}{c}\text{環状2量体} \longrightarrow \left(\!\!-\text{O}-\underset{\substack{|\\ \text{R}}}{\text{CH}}-\underset{\substack{\|\\ \text{O}}}{\text{C}}-\!\!\right)_x\end{array} \qquad (12.19)$$

R ＝ H，グリコリド
R ＝ CH_3，ラクチド

ε-カプロラクトンの開環重合体 (8.2節) にも生分解性がある．

12.6　高分子の反応性の特徴

　この章のはじめに述べたように，有機化合物である高分子に結合している官能基の反応性は，個々に見ると低分子化合物の同じ官能基のそれと本質的には変らないと考えてよい．しかし実用上は高分子の反応を固相で行うことも多く，

その場合は反応試薬が官能基のある個所まで十分に到達できるとは限らない．セルロースのアセチル化（式 (12.5)）はその例であり，セルロースの非晶領域にあるヒドロキシ基は，結晶領域にあるものよりもアセチル化を受けやすい．高分子の化学反応を溶液中で行う場合にも，分子が広がりの小さい形態をとっている場合は内部の官能基への試薬の接近が起こりにくい．そもそもある官能基の近傍には巨大な高分子鎖と多くの置換基があり，反応は立体的に不利な条件にある．

これらの理由で，一般に高分子の官能基の反応を 100 % まで進めるのは難しい場合が少なくない．しかし一方では，これはさまざまな程度に変換された官能基を持つ高分子が合成できることを意味するのであり，部分的な変換生成物の構造を明確にするのは難しいが，実用上は多様な性質の材料がつくれることになる．

一方，低分子化合物でも多くの例があるように，高分子に結合した官能基の反応性が隣接する基の影響によって高められる場合もある．例えば，アクリル酸 p-ニトロフェニルエステルとメタクリル酸の共重合体のエステル結合は，相当する低分子化合物よりも 1 万倍も速く加水分解を受ける．これは次のような分子内反応で酸無水物ができ，その高い反応性により加水分解が速やかに起こるためと考えられる．

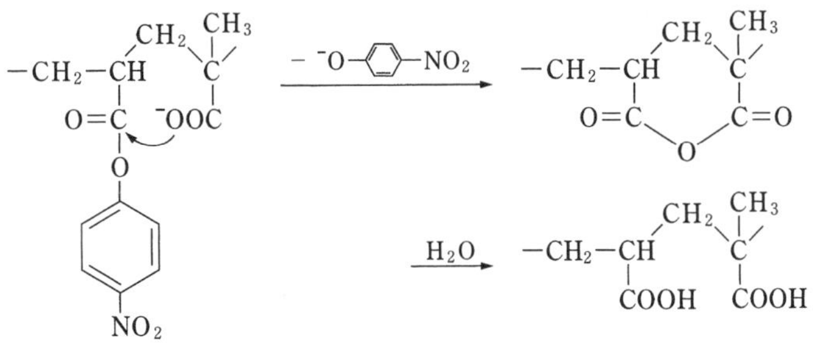

$$
\begin{array}{c}
\text{(12.20)}
\end{array}
$$

もっとも，これと同様の分子内反応の関与は低分子の 2 官能性化合物でも起こるので，高分子であることが必要条件というわけではない．しかし酵素タンパク質のように分子の空間形態が特定の形になっていると，鎖の結合としては隣

接していない位置にある複数の官能基が空間的には近接して存在し，その相互作用のために格段に高い反応性を示す場合があり，これが酵素の示す高活性な触媒作用の主因の1つと考えられている．現在のところ合成高分子については，このように特定な空間形態をとり得るような分子構造を持ったものを合成する一般的な方法は確立されておらず，また高分子の特定の個所に特定の官能基を付ける一般的な方法も確立されてはいない．

12.7 高分子触媒

それはできなくても，例えばラジカル機構の付加重合によって異なる官能基を含むコポリマーを合成することは容易にできる．そしてある化合物が一方の官能基と反応して結合をつくり，その結合がもう一方の官能基と反応して切れると，はじめの官能基は元へ戻るので「触媒」として働くことになる．酵素はまさにポリペプチドという高分子から成る生化学反応の触媒であるから，その高い反応性を意識した「高分子触媒」の研究が行われてきた．図 12.2 は，ヒドロキサム酸基とイミダゾール基を含む炭素-炭素主鎖高分子による酢酸 p-ニトロフェニルエステルの触媒的な加水分解の例である．こうした系の中には酵素を

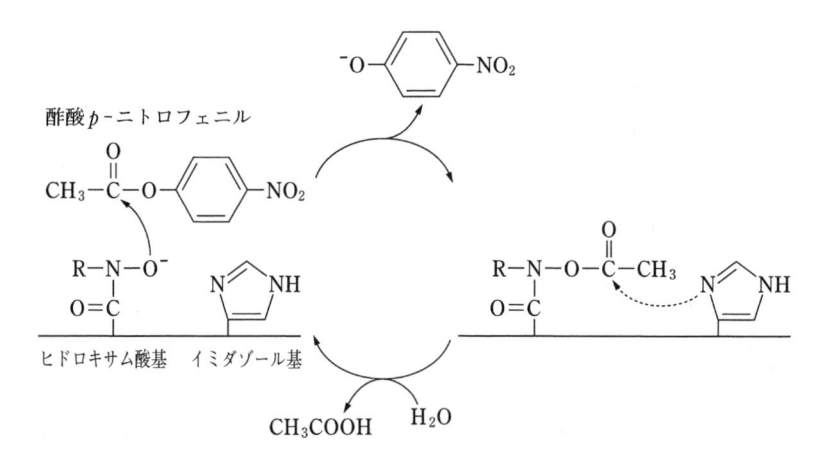

図 12.2 ヒドロキサム酸基とイミダゾール基を含むコポリマーによる酢酸 p-ニトロフェニルの加水分解

超える高い反応性が報告された例もあるが，その基質は酵素にとっては普通でないものなので，比較はしにくいともいえる．また，酵素のもう1つの特徴である特異性については，すぐれた合成高分子触媒の例はほとんどない．

むしろ，巨大ではなくても，前節の末尾に述べた条件を満たす分子を精密に，いい換えればかなり，あるいは非常に手間をかけて，設計・合成する方向にあるのが，酵素と同様の働きをする人工分子をつくろうとする研究分野の現状である．

12.8 橋かけ高分子の化学反応の応用

高分子の化学反応の応用については，これまで特別な項を設けて述べたわけではないが，各所に多くの例があったことを思い起こしていただきたい．

ここでは，それらを補うためにも，橋かけ高分子の化学反応の応用について述べる．反応自体は何ら特別なものではないが，高分子化合物の一般的な特性が巧みに利用されているからである．

代表例はイオン交換樹脂である．その中でも代表は橋かけポリスチレンを基本とするものである．橋かけポリスチレンはスチレンとジビニルベンゼンの共重合でつくる（式(11.11))．重合の方法として懸濁重合を行うと小球（ビーズ）状のものが得られる．これを発煙硫酸と反応させてスルホン化する．

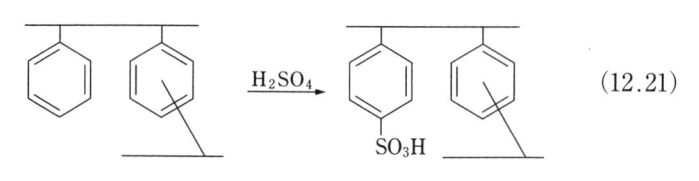

$$\text{橋かけポリスチレン} \xrightarrow{H_2SO_4} \text{強酸性陽イオン交換樹脂} \quad (12.21)$$

芳香族環のスルホン化はよく知られた反応である．スルホン基は強電解質だから水になじむ．ポリスチレンをスルホン化したものは水に溶けるが，橋かけがあると溶けない．しかしスルホン化は小球の内部まで起こっており，水は内部まで入り，小球は膨潤する．これに水酸化ナトリウムの水溶液を加えるとスルホン酸との間で中和反応が起こる．

$$\text{(R)}-SO_3H + NaOH \longrightarrow \text{(R)}-SO_3Na + H_2O \quad (12.22)$$

もちろんこの反応はスルホン酸基が橋かけポリスチレンに結合していなくても起こる．その場合は，例えばもしベンゼンスルホン酸の反応だとすると，出発物も生成物も，すべて水に溶ける．イオン交換樹脂の目的は，イオンを交換し，分離することである．すべてが可溶でもイオンの交換は起こるが，分離はできない．分離をするには生成物が不溶になると便利である．式(12.22)でNa^+に着目すると，NaOHは水に溶けているが，$\text{(R)}-SO_3Na$は水に不溶であり，したがってNa^+が分離できたことになる．つまり，スルホン酸基の付いたイオン交換樹脂でアルカリ性の水を処理すると，水を中性にできる．もちろん，スルホン酸基の数以上のNaOHを入れても，全部を中和することはできない．このように全部が$-SO_3Na$となったイオン交換樹脂は，しかし，再生できる．酸で処理すればよいのである．

$$\text{(R)}-SO_3Na + HCl \longrightarrow \text{(R)}-SO_3H + NaCl \quad (12.23)$$

こうしてイオン交換樹脂は繰り返し使える．このように，イオン交換樹脂はいくつかの，個別には既知の事柄を組み合せてできた技術の産物である．

スルホン酸基を持つイオン交換樹脂ではH^+とNa^+のように陽イオンが交換され，これを陽イオン交換樹脂という．陰イオン交換樹脂をつくるには，橋かけポリスチレンにまずクロルメチル基を導入し，それをアミンと反応させる．

12.8 橋かけ高分子の化学反応の応用

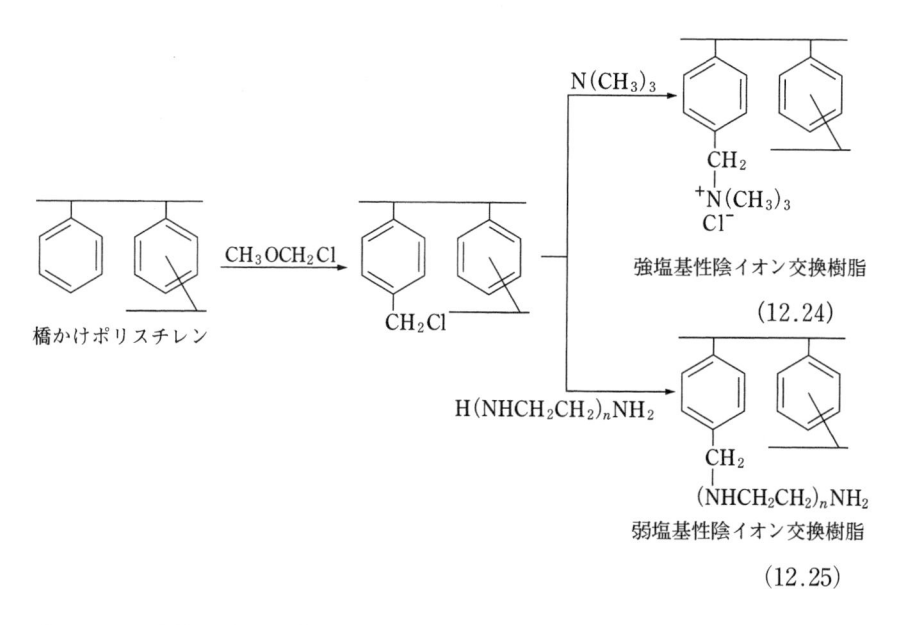

橋かけポリスチレン →[CH_3OCH_2Cl] (クロロメチル化物)

→[$N(CH_3)_3$] 強塩基性陰イオン交換樹脂 (12.24)

→[$H(NHCH_2CH_2)_nNH_2$] 弱塩基性陰イオン交換樹脂 (12.25)

陰イオンの交換は次のようにして起こる．

$$\text{®}-CH_2-\overset{+}{N}(CH_3)_3Cl^- + NaOH$$
$$\longrightarrow \text{®}-CH_2-\overset{+}{N}(CH_3)_3OH^- + NaCl \quad (12.26)$$

$$\text{®}-CH_2-\overset{+}{N}(CH_3)_3OH^- + HCl$$
$$\longrightarrow \text{®}-CH_2-\overset{+}{N}(CH_3)_3Cl^- + H_2O \quad (12.27)$$

式 (12.27) の反応によって酸性の水を中性にできる．式 (12.26) は陰イオン交換樹脂の再生である．イオンの交換を行う基の構造を適当に選ぶと，例えば1価の金属イオンと2価の金属イオンの共存する水の中から後者を選択的に捕集することができる．例えば

$$\text{®}-CH_2Cl \xrightarrow{HN(CH_2CO_2H)_2} \text{®}-CH_2-N\begin{matrix}CH_2CO_2H\\CH_2CO_2H\end{matrix} \quad (12.28)$$

これはキレート剤のエチレンジアミン四酢酸 (EDTA) と似た構造を持っており，N, CO_2H が多座配位子として働き多価イオンをよく吸着する．

クロルメチル基を導入した橋かけポリスチレンは，反応試剤としても利用される．アミノ酸の配列順序の決まったポリペプチドの合成については3.2節で述べた．このとき，あるアミノ酸のカルボキシ基とクロルメチル基とを反応させて，そのアミノ酸を橋かけポリスチレンに結合させる．そしてそのアミノ酸のアミノ基と別のアミノ酸のカルボキシ基とを反応させるとペプチド結合ができる（式 (12.29)）．

$$
\begin{aligned}
&t\text{-BuOCO-NHCHR}^1\text{CO-OH} + \text{ClCH}_2\text{-}\phi\text{-}\!\!\!| \\
&\text{保護基(Boc)} \\
&\quad\quad\quad \downarrow \text{NEt}_3 \\
&\text{Boc-NHCHR}^1\text{CO-OCH}_2\text{-}\phi\text{-}\!\!\!| \\
&\quad\quad\quad \downarrow \text{HCl/AcOH} \\
&\text{H}_2\text{NCHR}^1\text{CO-OCH}_2\text{-}\phi\text{-}\!\!\!| \\
&\text{Boc-NHCHR}^2\text{CO-OH} \;\Big|\; \text{Cy-N=C=N-Cy} \\
&\text{Boc-NHCHR}^2\text{CO-NHCHR}^1\text{CO-OCH}_2\text{-}\phi\text{-}\!\!\!| \\
&\quad\quad\quad \vdots \\
&\quad\quad\quad \downarrow \text{HBr/CF}_3\text{CO}_2\text{H} \\
&\text{H}_2\text{NCHR}^n\text{CO-NHCHR}^{n-1}\text{CO-}\cdots\cdots\text{-NHCHR}^1\text{COOH} + \text{BrCH}_2\text{-}\phi\text{-}\!\!\!|
\end{aligned}
$$

(12.29)

12.8 橋かけ高分子の化学反応の応用

この反応を順に繰り返してポリペプチドをつくるが，この間その一端は橋かけポリスチレンに結合したままになっている．したがって試薬との反応や副生成物の洗浄による除去を簡便に行うことができる．最終段階でポリペプチドを橋かけポリスチレンから切り離す反応を行う．このペプチド合成法を固相法（メリフィールド（Merrifield）法）という．

クロマトグラフィーの担体（充填剤）としても橋かけポリスチレンはよく使われる．何を，どのような原理で分離するかによって，いろいろな基を導入したものを使う．橋かけポリスチレンの例にしぼって話を進めてきたが，利用できる橋かけ高分子はほかにもいろいろある．クロマトグラフィーの担体としては多糖類をエピクロルヒドリンと反応させ橋かけしたものも用いられる．さらに有機高分子化合物とは全く異なる，シリカゲルやアルミナの表面に適当な基を適当な方法で導入した担体もある．要するに，ここでは分離機能を持つ材料であればよいので，溶媒や分離の対象となる物質への不溶性が第1の要件となっている．

それでは，有機高分子化合物の特徴は，何なのだろうか．まず第1に，高分子化合物では容易にさまざまな形のものがつくれる．イオン交換樹脂は普通小球状のものを使うが，膜の形にもできるし（イオン交換膜），中空の繊維にもできる．第2に，有機化合物（炭素の化合物）の種類がほかに比べて格段に多いことからもわかるように，高分子には多様な官能基がかなり自由に導入でき，その反応が利用できるのである．これらは無機系の材料に比べきわ立った特徴となっており，とくに第1の点は高分子 —— 巨大分子の化学が独立した分野となっていることの本質そのものに他ならない．

参 考 書

　高分子化学全般に関しては多くの教科書が刊行されているが，ここでは「合成」あるいはそれに近い語をタイトルに掲げたものに限った．

大津隆行：「改訂 高分子合成の化学」，化学同人 (1979)
鶴田禎二：「新訂 高分子合成反応」，日刊工業新聞社 (1983)
古川淳二：「高分子合成」，化学同人 (1986)
鶴田禎二，川上雄資：「高分子設計」，日刊工業新聞社 (1992)
山下雄也 監修：「高分子合成化学」，東京電機大学出版局 (1995)
遠藤　剛，三田文雄：「高分子合成化学」，化学同人 (2001)
中条善樹：「高分子化学 I 合成」，丸善 (1996)
遠藤　剛 編：「高分子の合成 (上) (下)」，講談社 (2010)

演 習 問 題

[1] 次の高分子化合物の構造に基づく名称を考えよ．
   (1) ポリスチレン　(2) ポリプロピレン　(3) ナイロン6

[2] 次の高分子化合物の重合度はそれぞれいくらか．
   (1) 分子量10万のポリエチレン
   (2) 分子量2万のポリエチレンテレフタレート
   (3) 分子量2万のナイロン66
   (ヒント：原子量は，H 1, C 12, N 14, O 16)

[3] 次の3つの成分から成る高分子の混合系がある．
   　　成分1：重量分率 = 0.5, 分子量 = 10^4
   　　成分2：重量分率 = 0.4, 分子量 = 10^5
   　　成分3：重量分率 = 0.1, 分子量 = 10^6
   この系の数平均分子量 $\bar{M}_n$ と重量平均分子量 $\bar{M}_w$ を求めよ．
   (ヒント：ある成分の重量分率は分子量に分子数をかけたものに相当する．)

[4] 分子量100万のポリプロピレン $1\,cm^3$ は何個の分子でできているか．ただし，比重を1.00と仮定する．〔ヒント：1 mol (この場合100万 g) の物質は約 6×10^{23} 個の分子でできている（アボガドロ定数）．〕

[5] 次の化合物の中で，テレフタル酸と反応させると線状高分子をつくるものはどれか．
   (1) エチレングリコール　(2) エチレングリコールモノメチルエーテル
   (3) グリセロール　(4) 1,4-ブタンジオール

[6] エチレングリコールとテレフタル酸との反応によるポリエチレンテレフタレートの合成において，なるべく分子量の高い生成物を得るにはどうすればよいか．

[7] 問題6の反応を等モルで行うとき，反応度 $p = 0.99$ のときの生成物の数平均重合度を求めよ．

[8] ジカルボン酸とジオールからのポリエステルの生成は可逆反応である．

$$\sim\sim\sim CO_2H + HO\sim\sim\sim \underset{}{\overset{K}{\rightleftarrows}} \sim\sim\sim \underset{\underset{O}{\|}}{C}-O\sim\sim\sim + H_2O$$

いま，この反応の平衡定数が $K = 4$ であるとして，等モルのジカルボン酸とジオールの反応が平衡に達したときの生成物の数平均重合度を求めよ．

[9] グリセリン 2 mol とフタル酸 3 mol を加熱，反応させると，やがて網目状高分子が生成し，ゲル化する．このとき，官能基は何 % 消費されているか．

フタル酸

[10] 次の化合物の中で，カチオン重合をしないものを選び，その理由を述べよ．
(1) スチレン　(2) メチルビニルエーテル　(3) アクリロニトリル
(4) イソブチレン

[11] 過酸化ベンゾイル，ブチルリチウム，塩化アルミニウムのいずれを開始剤としても重合するモノマーは次のうちどれか．
(1) エチレン　(2) スチレン　(3) メタクリル酸メチル
(4) ブチルビニルエーテル

[12] 等モルのスチレンと酢酸ビニルとを過酸化ベンゾイルを開始剤として共重合させるとき，
(1) 反応の初期にはどんな組成の共重合体が生成するか．
(2) この結果から，それぞれのモノマーを単独で重合させたときの反応速度を比較することはできるか否か．理由を説明せよ．
(ヒント：共重合でわかるのはモノマー反応性比である．)

[13] $[NH(CH_2)_5CO]_x$ の構造の高分子（ナイロン 6）は重縮合および開環重合によって合成することができる．分子量の高いポリマーを得るにはどちらの方法がより適しているか．理由を説明せよ．

[14] 酢酸ビニルのラジカル重合によって得られるポリマーには 1〜3 mol% 程度の頭-頭構造が含まれている（4.9 節）．メタクリル酸メチルのラジカル重合によって得られるポリマーにも頭-頭構造が含まれている可能性があるが，その含量はポリ酢酸ビニルの場合よりも多いと考えられるか，少ないと考えられるか．理由を述べよ．

[15] α-アミノ酸-N-カルボン酸無水物（NCA）の脱炭酸開環重合によるポリ（アミノ酸）の生成（8.6節）は，9-フルオレニルカリウムのような強塩基によっても起こる．しかしその機構は第1アミンによる反応とは異なると考えられている．どのような事実でそのことがわかるか．

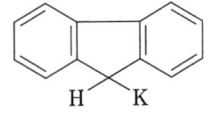

9-フルオレニルカリウム

[16] ラジカル共重合反応に関する式（5.9）を用いて次の問いに答えよ．
(1) 仕込みモノマーの組成がコポリマーの組成と等しくなる条件を求めよ．
(2) コポリマー組成が 1：1 となる仕込みモノマー組成を求めよ．

[17] ケテンシリルアセタールおよびアルミニウムポルフィリン錯体によるメタクリル酸メチルの重合反応の開始段階が，それぞれ式（6.11）および（6.12）に書いてある．式（6.8）を参考に，成長段階を反応式で示せ．

[18] 環状エーテルの一種であるスピロオルトカルボナートのカチオン開環重合では異性化が起こって鎖状カルボナート結合を含むポリマーが生成する．機構を考えよ．

[19] 図12.2に示した高分子の触媒作用の各段階について反応式を用いて具体的に説明せよ．

[20] 相当するモノマーがなく，別の高分子の化学反応によってはじめてつくれる高分子の例をあげよ．

問 題 解 答

[1] (1) ポリ（1-フェニルエチレン）　(2) ポリ（1-メチルエチレン）
(3) ポリ（イミノ-1-オキサヘキサメチレン）

[2] それぞれ，各高分子化合物の構造単位に相当する式量で分子量を割れば重合度が求まる．例えば (1) のポリエチレンは 10 万を 28 で割った値が重合度である．

[3] 数平均分子量および重量平均分子量は，それぞれ次のようになる．

$$\bar{M}_\mathrm{n} = \frac{\sum_i N_i M_i}{\sum_i N_i} = \frac{\sum_i w_i}{\sum_i (w_i/M_i)} = \frac{1}{\sum_i (w_i/M_i)}$$

$$\bar{M}_\mathrm{w} = \frac{\sum_i N_i M_i^2}{\sum_i N_i M_i} = \frac{\sum_i w_i M_i}{\sum_i w_i} = \sum_i w_i M_i$$

N_i, M_i, w_i はそれぞれ成分 i の分子数，分子量，重量分率である．
これらから計算すると，$\bar{M}_\mathrm{n} = 1.8 \times 10^4$, $\bar{M}_\mathrm{w} = 14.5 \times 10^4$.

[4] アボガドロ定数を 100 万で割った値がこのポリプロピレン 1 cm^3 の含む分子の個数である．

[5] (1) と (4). (2) は片末端のみに官能基を持ち，高分子にならない．(3) は 3 官能性で，枝分れや橋かけができる．

[6] 両成分を等モルにし，反応度をできるだけ高くする．

[7] 式 (2.10) から，数平均重合度は 100．

[8]
$$K = \frac{[-\mathrm{CO-O-}][\mathrm{H_2O}]}{[\mathrm{CO_2H}][\mathrm{OH}]} = 4$$

から，平衡に達したときの反応度は $p = 0.66\cdots$ である．よって，数平均重合度は $1/(1-p) = 3$．

[9] グリセリンは 3 官能性，フタル酸は 2 官能性である．当初の全官能基は $(3 \times 2) + (2 \times 3)$ 個で，分子数は $(2+3)$ 個であるから，1 分子当たりの平均の官能基数 f は

$$f = \frac{(3 \times 2) + (2 \times 3)}{2 + 3} = 2.4 \qquad (1)$$

となる．一方，反応度 p は本文式 (11.3) に示したように

$$p = \frac{2}{f} - \frac{2}{\bar{x}_n f} \qquad (2)$$

となる．ゲル化が起こるときには重合度 $\bar{x}_n \to \infty$ となるので，式 (2) は $p \fallingdotseq 2/f$．いまの場合 $f = 2.4$ であるから $p = 2/2.4 = 0.83$ となり官能基は 83% 消費されている．

[10] (3) アクリロニトリル．強い電子求引基を持つため．

[11] (2) スチレン

[12] (1) スチレンに富んだ共重合体が生成する．
(2) 単独重合の速度を比較することはできない．式 (5.10) を参照．

[13] 重縮合で高分子量の生成物を得るには反応率をできるだけ高くする必要がある．開環重合では適当な開始剤（触媒）の選択によりモノマー/開始剤比によって重合度が制御でき，高重合体を得るには開環重合のほうが有利である．相当する環状モノマーが ε-カプロラクタムである．

[14] 頭-尾結合が頭-頭結合よりもできやすいのは，$-CH_2-CHX\cdot$ ラジカルの方が $-CHX-CH_2\cdot$ ラジカルよりも安定なためと，頭-頭結合ができるときの X 間の反発のためである．メタクリル酸メチルは共役型モノマーであるため，上の 2 つの形のラジカルの安定性の差が非共役型の酢酸ビニルの場合よりずっと大きい．したがって頭-頭結合はできにくいと考えられる．

[15] 第 1 アミンによる反応（式 (8.41)）と同じ機構だとポリマーの末端にフルオレニル基が結合するはずである．フルオレニル基は紫外領域に強い吸収を示すが，重合反応で得られたポリマーにはその吸収は観測されない．

[16] (1) 式 (5.9) の右辺の分子，分母を $[M_2]$ で割った式を考え，$d[M_1]/d[M_2] = [M_1]/[M_2] = X$ とおくと，式 (5.9) は

$$X = X \frac{r_1 X + 1}{X + r_2}$$

よって

$$(1-r_1)X = 1-r_2$$

したがって，$r_1=1$，$r_2=1$ のときは X の値にかかわらずコポリマー組成は仕込みモノマー組成と等しくなる．一般に $X=(1-r_2)/(1-r_1)$ の仕込みのとき，仕込みモノマー組成とコポリマー組成が等しくなる．

(2) 同様に $1 = X(r_1X+1)/(X+r_2)$ より $X=\sqrt{r_2/r_1}$．

[17] ケテンシリルアセタールによる場合

アルミニウムポルフィリン錯体による場合

[18]

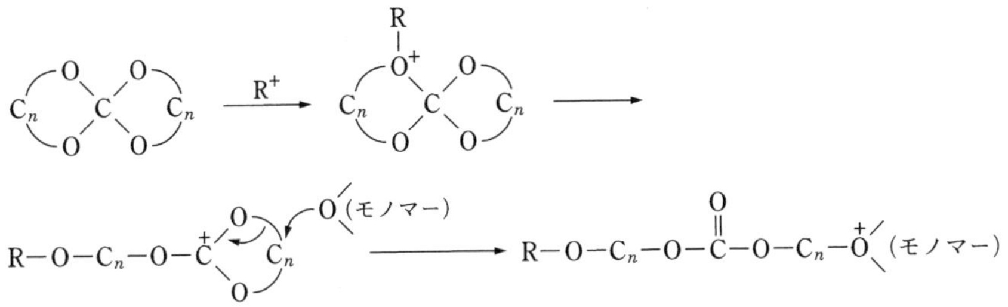

[19] まずヒドロキサム酸基が塩基のイミダゾール基により H^+ を引き抜かれてアニオンになる．

(1)

このアニオンは求核性が強いので，酢酸 p-ニトロフェニルのエステル基と反応する．

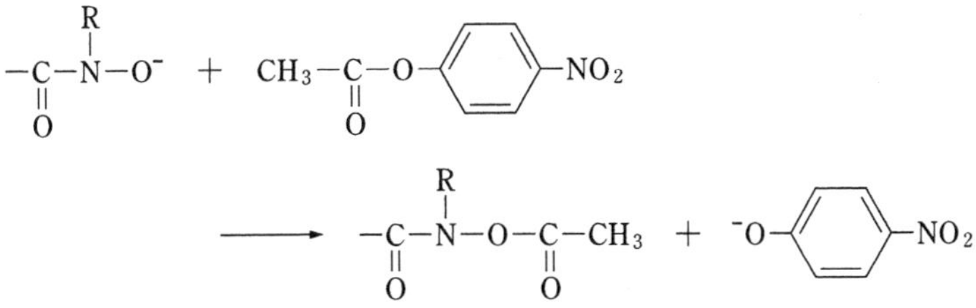

(2)

その次の段階は2つの可能性がある．図 ----▶ のようにイミダゾール基がアセチル基を直接攻撃すると，

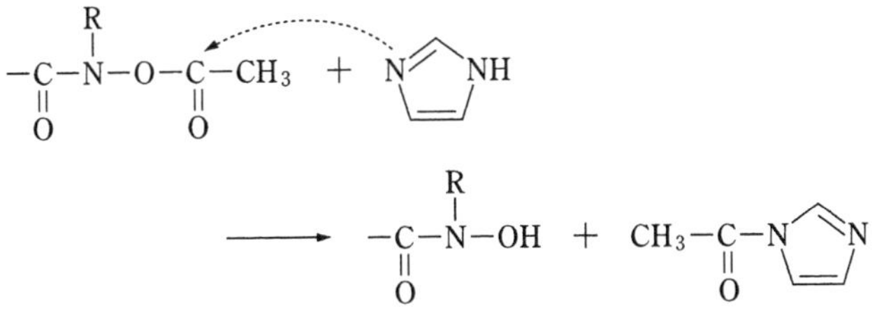

(3)

N-アセチルイミダゾールの反応性は高く,水と反応する.

$$CH_3-\underset{\underset{O}{\|}}{C}-N{\diagup}N + H_2O \longrightarrow CH_3-\underset{\underset{O}{\|}}{C}-OH + HN{\diagup}N \quad (4)$$

もう1つの可能性は,式(3)でなくイミダゾール基によって水からプロトンが引き抜かれ OH^- がアセチルヒドロキサム酸と反応することである.

$$-\underset{\underset{O}{\|}}{C}-\underset{R}{N}-O-\underset{\underset{O}{\|}}{C}-CH_3 + HO-H + N{\diagup}NH$$

$$\longrightarrow -\underset{\underset{O}{\|}}{C}-\underset{R}{N}-O^- + CH_3CO_2H + HN\overset{+}{\diagup}NH \quad (5)$$

なお,この共重合体はアクリル酸エステルと4(5)-ビニルイミダゾールを共重合させ,前者の官能基変換を行ってつくる.

$$\begin{array}{c}-CH_2-CH- \\ | \\ C=O \\ | \\ OR\end{array} + HNR'-OH \xrightarrow{-ROH} \begin{array}{c}-CH_2-CH- \\ | \\ C=O \\ | \\ NR'-OH\end{array} \quad (6)$$

N-アルキルヒドロキシルアミン

[20] ポリビニルアルコール(式(12.1),(12.2)参照)

索　引

ア

アイオノマー　189
アイソタクチック　115, 149
アジリジン　141
アセチルセルロース　185
アセチレン　128, 155
アセテート　185
アタクチック　115
頭-頭結合　73
頭-尾結合　73
アニオン重合　95, 123, 131, 133, 158
α-アミノ酸-N-カルボン酸無水物（NCA）147
網目状高分子　175
アラミド　46
アルキド樹脂　175
アルデヒド　156
アルモキサン　120
安定化　196

イ

イオノマー　189
イオン交換樹脂　201
イオン重合　93, 158
イソシアナート　156
イソタクチック　115
イソニトリル　157
イソブテン　105

イソプレン　124
一酸化炭素　157
イモータル重合　137
陰イオン交換樹脂　203

ウ

ウレタンフォーム　52

エ

ATRP　163
SEC　13
枝分れ　66
エチレン　67, 112
エチレンイミン　141
エチレンオキシド　133, 139
エチレン-プロピレンゴム　129, 188
NCA　147
エピスルフィド　135
エポキシ樹脂　188
エポキシド　133
エマルション　76
エンジニアリングプラスチック（エンプラ）46

オ

オキサゾリン　143
オキシラン　133
オキセタン　135
オリゴマー　63

カ

開環重合　130, 198
開環メタセシス重合　153
開始剤　76, 96, 107, 162
開始反応　58, 159
解重合　92, 192
塊状重合　75
回転セクター法　71
界面重縮合　40
過酸化ベンゾイル　57
カチオン重合　103, 137
ε-カプロラクタム　144
ε-カプロラクトン　131
加硫　187
カルボジイミド　156
カロザース　29
環化重合　182
感光性樹脂　190
環状アミド　144
環状アミン　141
環状エーテル　133, 137
環状エステル　131

キ

幾何異性　124
逆成長反応　192
Q-e スキーム　89
吸水性高分子　189
共重合　80, 109, 129
共重合体　80, 167
禁止剤　68

ク

グラフト共重合体　167, 172
グリコリド　198
グループトランスファー重合 (GTP)　102
クロマトグラフィー担体　205

ケ

形状記憶樹脂　155
ケテン　156
ゲル化　176
ゲル浸透クロマトグラフィー (GPC)　13
原子移動ラジカル重合　163
懸濁重合　75

コ

交互共重合　157
合成ゴム　188
合成繊維　55
交点法　83
高分子触媒　200
高分子反応　183
コポリマー　80, 167
ゴム　6

サ

再結合　61
サイズ排除クロマトグラフィー (SEC)　13
酢酸セルロース　185
酢酸ビニル　66, 73
酸化分解　194

シ

α-シアノアクリル酸エステル　98
GPC　13
GTP　102
ジエン
　――の重合　124
シクロペンタジエニル錯体　120
自己縮合　165
ジチオカーバメート　160
ジビニルベンゼン　180
重合
　ジエンの――　124
重合度　21, 29, 61
　――の分布　31
重縮合　18, 19
重付加　18, 51
重量平均重合度　35
重量平均分子量　15
縮合重合　18, 19, 37, 163, 175
シュタウディンガー　8
瞬間接着剤　98
シリコーン　50
シンジオタクチック　115
浸透圧法　8

ス

数平均重合度　26, 34
数平均分子量　14
スチレン　55, 95, 158, 168
スチレン-ブタジエンゴム　188

セ

成長鎖規制　150
成長反応　58, 159
生分解性　198
セルロース　11, 185
セルロースアセテート　185
セロファン　186
繊維　186
遷移金属 (系) 触媒　111, 125, 128, 129, 153, 162
線状低密度ポリエチレン　129

タ

対掌体触媒サイト規制　150
炭素繊維　191

チ

チーグラー触媒　111
チイラン　135
逐次重合　99
超遠心法　9

テ

低温溶液重縮合　42
停止反応　58, 159
テトラヒドロフラン　138
テロマー　63
天井温度　92, 194
デンドリマー　165
天然ゴム　6, 187

索　引

ト

導電性高分子　128
トリオキサン　156

ナ

ナイロン6　146
ナイロン66　28,37
ナッタ　114

ニ

二酸化硫黄　157
二酸化炭素　156
乳化重合　75
尿素樹脂　179

ネ

熱可塑性弾性体　169
熱可塑性プラスチック　55
熱硬化性樹脂　175
熱分解　192
粘度法　9

ノ

ノボラック樹脂　178
ノルボルネン　155

ハ

配位アニオン重合　113
橋かけ　187
橋かけ高分子　201
橋かけポリスチレン　80,201

ヒ

光散乱法　8

光分解　195
ビニルエーテル　109
ビニロン　185

フ

ファインマン-ロス法　83
フェノール樹脂　177
フォトレジスト　190
付加重合　18,54,79,93,111,180
付加縮合　177
不均化　62
不斉選択重合　153
ブタジエン　124,168
ブチルゴム　105,188
プラスチック　55
ブロック共重合体　167
β-プロピオラクトン　132
プロピレン　65,113
プロピレンオキシド　134,149
分解　191
分子量
　——の制御　158
　——の測定　6
分子量分布　11,14
分別沈殿　13

ヘ

平均重合度　26
平均分子量　14
PET　17
ペプチド合成　205

ホ

ホモポリマー　80
ポリアクリロニトリル　190
ポリアセタール　156
ポリアセチレン　128
ポリアミド　28,46
ポリイミド　41
ポリウレタン　17,51
ポリエーテルケトン　47
ポリエステル　17,19
ポリエチレン　2,4,18,67,112,192,195
ポリエチレンテレフタレート（PET）　17,19,28
ポリ塩化ビニル　194
ポリカーボネート　47,157
ポリ酢酸ビニル　66,184
ポリシラン　50
ポリシロキサン　49
ポリスチレン　55
ポリスルホン　48
ポリ尿素　51
ポリビニルアルコール　66,74,184
ポリフェニレンオキシド　48
ポリフェニレンスルフィド　48
ポリプロピレン　114,194
ポリペプチド　42,147
ポリメタクリル酸メチル　192

ポルフィリン錯体　102, 169
ホルムアルデヒド　156

マ

マクロモノマー　174

メ

命名法　39
メタクリル酸メチル　98, 123
メタセシス　154
メラミン樹脂　179
メリフィールド法　205

モ

モノマー反応性比　81, 85

ヨ

陽イオン交換樹脂　202
溶液重合　75

ラ

ラクタム　144
ラクチド　198
ラクトン　131
ラジカル重合　54, 159
らせん　148
ラダーポリマー　190
ラテックス　76

リ

立体規則性　111, 148
立体選択性重合　150
立体特異性重合　114, 123

リビング重合　97
リビングポリマー　97, 101, 109, 134, 158, 168
リビングラジカル重合　161

ル

ルテニウム錯体　163

レ

レーヨン　186
レゾール樹脂　178
レドックス開始剤　78
連鎖移動　66, 136
連鎖移動定数　65
連鎖移動反応　63, 103, 172
連鎖重合　99
連鎖反応　58

著者略歴

井上 祥平（いのうえ しょうへい）

1933 年	京都市に生まれる
1956 年	京都大学工学部工業化学科卒業
1962 年	同大学院博士課程修了
	京都大学助手
1965 年	東京大学講師
1978 年	同教授
1994 年	同定年退官．名誉教授
	東京理科大学教授
2009 年	同退職
	現在に至る
著 書	「高分子材料の化学」（丸善，共著），「生体高分子」（化学同人），「生物有機化学」（昭晃堂，共著）

高分子合成化学（改訂版）

1996 年 10 月 5 日　第 1 版　発　行
2010 年 3 月 10 日　第 12 版 2 刷発行
2011 年 5 月 25 日　［改訂］第 1 版 1 刷発行
2021 年 7 月 30 日　［改訂］第 1 版 6 刷発行

検印省略

定価はカバーに表示してあります．

著作者	井　上　祥　平
発行者	吉　野　和　浩
発行所	東京都千代田区四番町 8-1 電　話　03-3262-9166（代） 郵便番号　102-0081 株式会社　裳　華　房
印刷所	三報社印刷株式会社
製本所	株式会社　松　岳　社

一般社団法人　自然科学書協会会員

JCOPY 〈出版者著作権管理機構 委託出版物〉
本書の無断複製は著作権法上での例外を除き禁じられています．複製される場合は，そのつど事前に，出版者著作権管理機構（電話03-5244-5088，FAX 03-5244-5089，e-mail: info@jcopy.or.jp）の許諾を得てください．

ISBN 978-4-7853-3087-3

© 井上祥平, 2011　　　Printed in Japan

高分子化学 ［化学の指針シリーズ］

西 敏夫・讃井浩平・東 千秋・高田十志和 共著　Ａ５判／276頁／定価 3190円（税込）

高分子の構造と物性・合成から，高分子の機能性と使われ方（社会との関わり），地球温暖化など環境問題への高分子の役割など，高分子化学（科学）の基礎と応用，未来への可能性を，幅広く，バランスよくカバーした．

【主要目次】
1. 高分子とは　2. 高分子の化学構造　3. 高分子生成反応　4. 縮合重合・重付加　5. ラジカル重合　6. イオン重合　7. 配位重合・開環重合　8. 高分子の反応　9. 酵素・微生物による高分子の合成と分解　10. 高分子の構造　11. 高分子の分子運動と物性（1）－高分子のひろがりと高分子溶液－　12. 高分子の分子運動と物性（2）－高分子の物性はどのように発現するか－　13. 高分子の力学的性質　14. 高分子の応用（1）－多成分系高分子・複合系高分子を作る－　15. 高分子の応用（2）－機能性高分子の特徴－　16. 高分子と地球環境

入門 新高分子科学

大澤善次郎 著　Ｂ５判／216頁／定価 3190円（税込）

高分子の"物性"と"合成"を一冊にまとめて好評を博した『入門 高分子科学』をベースに，新たなフィロソフィーにより現代の高分子科学を学ぶにふさわしくアップデートされた決定版．判型も大きくなりさらに見やすくなった．

【主要目次】
0. 自然界における物質循環と高分子　1. 高分子の概念　2. 天然高分子の生成　3. 合成高分子の生成　4. 高分子の反応　5. 機能性高分子　6. 高分子固体の構造　7. 高分子固体の性質　8. 高分子溶液の性質　9. 分子量の決定方法

井上祥平先生ご執筆の書籍

有機工業化学 ［化学の指針シリーズ］

井上祥平 著　Ａ５判／246頁／定価 2750円（税込）

大学の理工学部および高専の学生を対象とする教科書・参考書．合成物質の枚挙的な記述は避け，構造と活性相関，作用機構，合成法などよく知られた事例を挙げながら解説しているので，有機工業化学の本質を無理なく理解できる．有機工業化学製品の製造プロセスおよび製品自体と環境との関係についても論じている．

【主要目次】
1. はじめに　2. 有機工業化学製品の資源　3. 石油　4. 石油化学と天然ガス化学　5. 石炭とその化学　6. 油脂とその化学　7. 有機化学製品にはどんなものがあるか　8. 染料・顔料・塗料　9. 界面活性剤と洗剤　10. 香料と化粧品　11. 医薬と農薬　12. 有機工業化学と環境－製造プロセスと製品

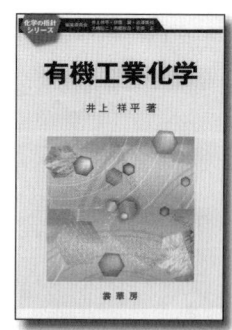